中华传统食材丛书

总主编　魏兆军　陈寿宏

蛋乳卷

主　编　何述栋

编　委　涂李军　王慕文　刘淑芸　杨豫斐

合肥工业大学出版社

图书在版编目（CIP）数据

中华传统食材丛书．蛋乳卷／何述栋主编．—合肥：合肥工业大学出版社，2022.8
ISBN 978-7-5650-5327-6

Ⅰ．①中… Ⅱ．①何… Ⅲ．①烹饪—原料—介绍—中国 Ⅳ．①TS972.111

中国版本图书馆CIP数据核字（2022）第157771号

中华传统食材丛书・蛋乳卷
ZHONGHUA CHUANTONG SHICAI CONGSHU DANRU JUAN

何述栋　主编

项目负责人　王　磊　陆向军
责任编辑　张　燕
责任印制　程玉平　张　芹
出　　版　合肥工业大学出版社
地　　址　（230009）合肥市屯溪路193号
网　　址　www.hfutpress.com.cn
电　　话　编校与质量管理部：0551-62903055
　　　　　　营销与储运管理中心：0551-62903198
开　　本　710毫米×1010毫米　1/16
印　　张　11.25　**字　数**　156千字
版　　次　2022年8月第1版
印　　次　2022年8月第1次印刷
印　　刷　安徽联众印刷有限公司
发　　行　全国新华书店
书　　号　ISBN 978-7-5650-5327-6
定　　价　99.00元

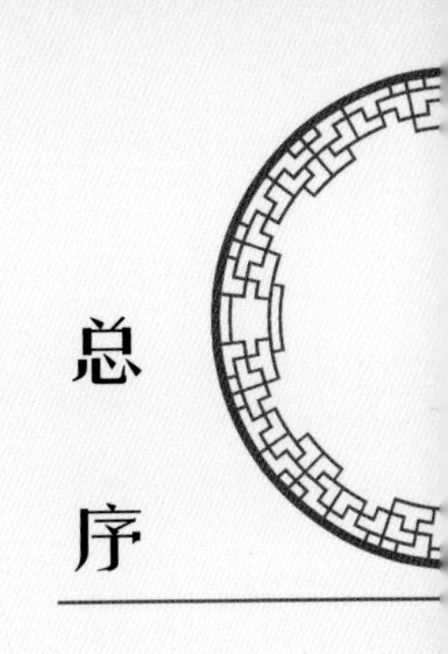

总序

健康是促进人类全面发展的必然要求，《“健康中国2030”规划纲要》中提出，实现国民健康长寿，是国家富强、民族振兴的重要标志，也是全国各族人民的共同愿望。世界卫生组织（WHO）评估表明膳食营养因素对健康的作用大于医疗因素。“民以食为天”，当前，为了满足人民日益增长的美好生活的需求，对食品的美味、营养、健康、方便提出了更高的要求。

中国传统饮食文化博大精深。从上古时期的充饥果腹，到如今的五味调和；从简单的填塞入口，到复杂的品味尝鲜；从简陋的捧土为皿，到精美的餐具食器；从烟火街巷的夜市小吃，到钟鸣鼎食的珍馐奇馔；从“下火上水即为烹饪”，到“拌、腌、卤、炒、熘、烧、焖、蒸、烤、煎、炸、炖、煮、煲、烩”十五种技法以及“鲁、川、粤、徽、浙、闽、苏、湘”八大菜系的选材、配方和技艺，在浩渺的时空中穿梭、演变、再生，形成了绵长而丰富的中华传统饮食文化。中华传统食品既要传承又要创新，在传承的基础上创新，在创新的基础上发展，实现未来食品的多元化和可持续发展。

中华传统饮食文化体现了“大食物观”的核心——食材多元化，肉、蛋、禽、奶、鱼、菜、果、菌、茶等是食物；酒也是食物。中国人讲究“靠山吃山、靠海吃海”，这不仅是一种因地制宜的变通，更是顺应自然的中国式生存之道。中华大地幅员辽阔、地大物博，拥有世界上最多样的地理环境，高原、山林、湖泊、海岸，这种巨大的地理跨度形成了丰富的物种库，潜在食物资源位居世界前列。

“中华传统食材丛书”定位科普性，注重中华传统食材的科学性和文化性。丛书共分为30卷，分别为《药食同源卷》《主粮卷》《杂粮卷》《油脂卷》《蔬菜卷》《野菜卷（上册）》《野菜卷（下册）》《瓜茄卷》《豆荚芽菜卷》《籽实卷》《热带水果卷》《温寒带水果卷》《野果卷》《干坚果卷》《菌藻卷》《参草卷》《滋补卷》《花卉卷》《蛋乳卷》《海洋鱼卷》《淡水鱼卷》《虾蟹卷》《软体动物卷》《昆虫卷》《家禽卷》《家畜卷》《茶叶卷》《酒品卷》《调味品卷》《传统食品添加剂卷》。丛书共收录了食材类目944种，历代食材相关诗歌、谚语、民谣900多首，传说故事或延伸阅读900余则，相关图片近3000幅。丛书的编者团队汇聚了来自食品科学、营养学、中药学、动物学、植物学、农学、文学等多个学科的学者专家。每种食材从物种本源、营养及成分、食材功能、烹饪与加工、食用注意、传说故事或延伸阅读等诸多方面进行介绍。编者团队耗时多年，参阅大量经、史、医书、药典、农书、文学作品等，记录了大量尚未见经传、流散于民间的诗歌、谚语、歌谣、楹联、传说故事等。丛书在文献资料整理、文化创作等方面具有高度的创新性、思想性和学术性，并具有重要的社会价值、文化价值、科学价

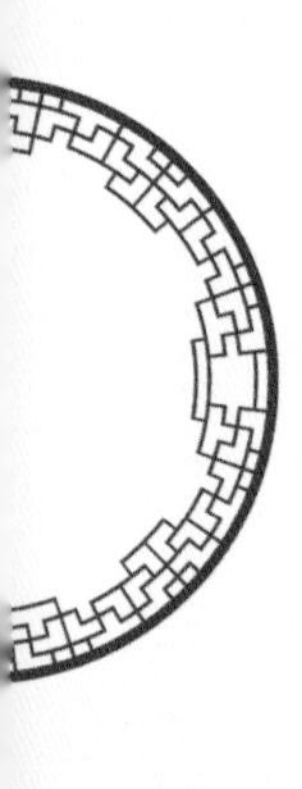

值和出版价值。

对中华传统食材的传承和创新是该丛书的重要特点。一方面，丛书对中国传统食材及文化进行了系统、全面、细致的收集、总结和宣传；另一方面，在传承的基础上，注重食材的营养、加工等方面的科学知识的宣传。相信“中华传统食材丛书”的出版发行，将对实现“健康中国”的战略目标具有重要的推动作用；为实现“大食物观”的多元化食材和扩展食物来源提供参考；同时，也必将进一步坚定中华民族的文化自信，推动社会主义文化的繁荣兴盛。

人间烟火气，最抚凡人心。开卷有益，让米面粮油、畜禽肉蛋、陆海水产、蔬菜瓜果、花卉菌藻携豆乳、茶酒醋调等中华传统食材一起来保障人民的健康！

中国工程院院士

2022年8月

序

牛奶及各种乳制品中含有大量的蛋白质和脂肪，营养价值高，人体易消化吸收。随着社会的进步和发展，乳制品已是很多中国家庭的日常食品。我国百姓食用乳制品已有千年历史。譬如，历史上生活在中国北方与西北地区的草原游牧民族，在饮食上便以“食肉饮（乳）酪”为主，乳制品在游牧民族食谱中的重要性不亚于肉类。我国自古也有饮用奶茶的习惯。奶茶是我国维吾尔族、乌孜别克族、柯尔克孜族、藏族和蒙古族的日常饮品。除此之外，从牛奶、马奶中提取的脂肪所炼制的酥油是藏族和蒙古族的食品精华，其色泽鲜黄，味道香甜。

蛋品含有丰富的营养物质，往往可与牛奶相提并论，由于其色、香、味俱全和便于烹调的性质，在我国居民的饮食结构中占有十分重要的地位。目前我国蛋类食品多以鸡、鸭、鹅、鹌鹑、鸽子等家禽生产的蛋类为主，其中，以鸡蛋、鸭蛋为原料加工的蛋制品较多。在日常生活中，应做好鲜蛋及蛋制品的选购和贮存，避免其遭受微生物污染及腐败变质。

本卷食材条目基本按照我国居民常见的乳蛋类食材进行分类，对乳及乳制品（牛奶、羊奶、马奶、驴奶、骆驼奶、人奶及酸奶、奶酪）、蛋及蛋制品（鸡蛋、野鸡蛋、鸭蛋、麻鸭蛋、海鸭蛋、野鸭蛋、鹅蛋、鹌鹑蛋、麻雀蛋、鸽蛋及咸鸭蛋、糟蛋、皮蛋）进行了介绍。虽然酸奶、奶酪和咸鸭蛋、糟蛋、皮蛋分别是乳品和蛋品的衍生产品，但是考虑到它们在我国百姓饮食结构中所占有的重要地位，本卷也将它们单独列出条目进行较为详细的介绍。本卷中每个条目均先以中华优秀传统文化中的诗词为引子，再对各食材基本特性、营养及成分、食材功能、烹饪与加工以及食用注意等相关内容进行阐述，旨在为读者普及蛋乳类食材的相关知识。本卷还搭配了与食材相关的有趣的传说故事（延伸阅读）及精美图片，更有利于读者在日常生活中进一步了解蛋乳类食材的相关信息，为其选择食用提供借鉴。涂李军、王慕文、刘淑芸、杨豫斐等研究生参与了本卷的编写工作，在此一并致谢。

北京食品科学研究院孙勇审阅了本书，并提出宝贵的修改意见，在此表示衷心的感谢。

相关内容如有不当之处，敬请广大读者批评指正！

何述栋

2022年3月

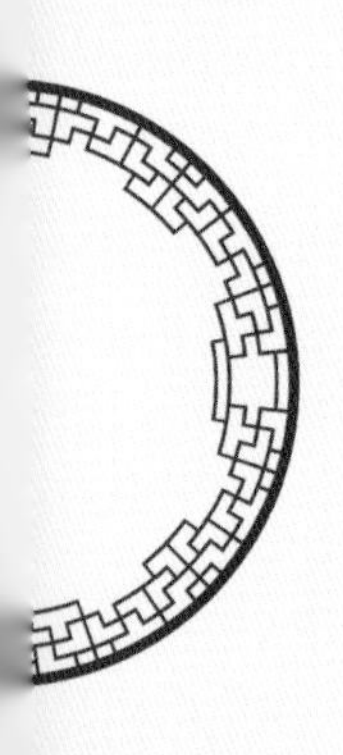

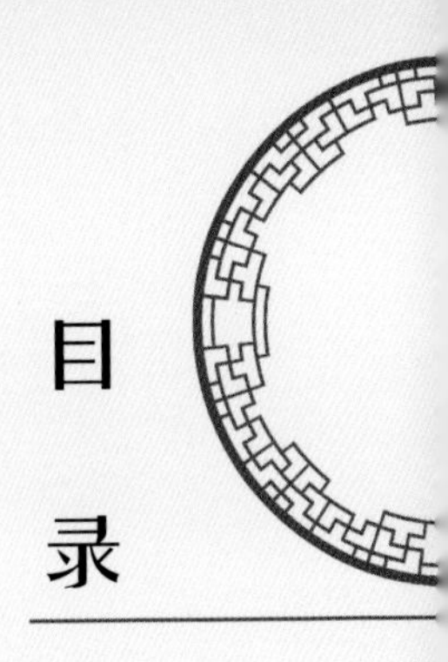

目录

牛奶

小硙落雪花，修绠汲牛乳。
幽人作茶供，爽气生眉宇。
年来不把酒，杯榼委尘土。
卧石听松风，萧然老桑苎。

——《幽居即事九首（其四）》（南宋）陆游

一、食材基本特性

英文名，又名

牛奶（Milk），是哺乳纲牛科动物奶牛（乳用品种黄牛）分泌的乳汁，又称牛乳。牛奶是古老的天然饮料之一，由于营养丰富，又有“白色血液”的美称。

形态特征

新鲜牛奶为均质胶体，呈白色或淡黄色，无沉淀、无血块、无杂质、无淀粉、无异味，具有新鲜牛奶固有的香味。

产地

在我国，黑龙江、河北、新疆和内蒙古是牛奶的主要产地。

中国人喝牛奶的饮食习惯可追溯到畜牧业发达的商朝。在商朝以前，已形成了“奶”和“酪”的古文字。数千年前，中国人便开始研究牛奶的性质、加工处理方法和牛奶制品的制作与应用方法，并逐渐形成牛奶饮食文化。牛奶一般分为黄牛奶和水牛奶，黄牛在全国各地均有饲养，而水牛在南方稻田地区较多。在汉代，人们公认陕西地区的黄牛奶品质和风味最优，其次是河南和山西地区的黄牛奶。在1500年前，南北朝时的人们已开始制作、加工牛奶，并发明出一些奶制品。

中华人民共和国成立以来的70多年，是中国乳制品行业发展与转型的重要时期，中国乳制品行业经历了巨大的发展和变革。如今，无论是奶牛养殖业还是乳品加工业，规模均持续扩大，标准化、机械化、组织化水平都有了很大的提高，并主要表现为重点企业日益成长壮大、品牌建设不断推进、质量监管持续加强、工业质量逐步提高。这对于确保乳制品供应，促进奶农收入增长有着积极的作用。

二、营养及成分

牛奶的营养成分十分丰富，几乎具备新生婴儿成长所需的全部营养，其中含有蛋白质、脂肪、乳糖、维生素、矿物质等多种营养物质，此外，还含有8种人体必需的氨基酸。经测定，每100克牛奶及乳制品中主要营养成分见表1所列。

表1 每100克牛奶及乳制品中主要营养成分

食材名称	蛋白质（克）	脂肪（克）	碳水化合物（克）	维生素A（毫克）	维生素B_2（毫克）	维生素B_3（毫克）	钙（毫克）	铁（毫克）	磷（毫克）	胆固醇（毫克）	水（克）
鲜牛奶	3	3.2	3.4	—	0.1	0.1	104	0.3	73	17	89.8
牛乳粉	24.9	27.3	39	0.2	0.9	0.7	807	0.5	754	—	2.9
牛乳片	13.3	20.2	59.3	0.1	0.2	1.6	269	1.6	427	—	3.7
牦牛乳	2.7	3.3	17.9	—	—	—	—	—	—	—	75.3
乳粉（脱脂）	36	1	52	—	0.9	0.8	1300	0.6	1030	28	3
水牛乳	4.7	7.5	4.8	0.2	—	—	—	—	—	—	82.2
奶油	2.9	20	3.5	0.8	—	—	97	0.1	77	168	73
黄油	0.5	82.5	—	2.7	—	—	15	0.2	15	295	14

乳制品的成分非常复杂，含有数百种化学物质，如水、脂肪、蛋白质、乳糖、盐、维生素和气体成分等。正常牛乳成分比较稳定，但受牛品种、个体健康状态、分泌乳汁时间、挤奶方式、喂养方式、环境、温度、产地、季节等影响而有所不同。其中，脂肪受这些因素影响最为显著，其次是蛋白质，而乳糖和灰分受其影响较小。

鲜牛奶中含量最多的物质是水，其占比为89.8%。牛奶脂质中97%～99%为脂肪，而脂肪中含量最多的物质是三酰甘油，磷脂含量约占总脂质的1%，此外还有固醇、游离脂肪酸和脂溶性维生素。不同类型的脂肪酸含量受牛奶品种影响而有所差异，其中，约七成脂肪酸为饱和脂肪酸，多不饱和脂肪酸占3%~7%。据报道，与植物油脂肪酸相比，牛奶脂肪酸消化率较高，约为60%，更易被人体消化吸收。此外，牛奶因含挥发性脂肪酸等挥发性物质而具备特殊的气味。

含氮化合物占牛奶总含量的3%~3.5%，且含氮化合物中约有5%的非蛋白态含氮化合物，如氨、游离氨基酸、尿素、尿酸、肌酸及嘌呤碱等。在牛奶的含氮化合物中，蛋白质是最重要的营养素。大多数牛奶的蛋白质含量在2.8%~3.4%，主要由含磷蛋白、白蛋白和球蛋白组成，且这3种牛奶蛋白都含有人体必需的氨基酸。因此，牛奶蛋白又称全蛋白，具有很高的营养价值。

牛奶中还含有来源于乳腺和微生物代谢物中的多种酶，包括水解酶、氧化还原酶等。乳制品生产常用的酶是水解酶和氧化还原酶。

钙是促进人体骨骼生长和修复的重要矿物质元素，牛奶中钙的含量丰富，是人体补充钙元素的重要来源。

三、食材功能

性味 味甘，性平。

归经 归心、肺经。

功能

（1）《本草拾遗》：黄牛乳，生服利人，下热气；冷补，润肤，止渴；和蒜煎三五沸食之，主冷气、痃癖、羸瘦。

（2）《日华子本草》：润皮肤，养心肺，解热毒。

（3）《本草纲目》：治反胃热哕，补益劳损，润大肠，治气痢，除疸黄，老人煮粥甚宜。

（4）牛乳有一定的护肝作用，其作用机理与牛乳的多不饱和脂肪酸和乳清蛋白相关。

（5）牛乳中的酪蛋白多肽能够提高衰老小鼠的体内抗氧化能力，从而延缓衰老。

（6）牛乳还有改善记忆力、抗疲劳的作用。

四、烹饪与加工

牛奶炖蛋

（1）材料：牛奶、鸡蛋、白砂糖等。

（2）做法：首先把鸡蛋打进碗里，加入两勺糖，打成蛋液并使糖溶解，然后用筛网过滤出蛋液中的杂质。将牛奶倒入蛋液中，搅拌均匀后放入蒸笼中开大火加热。当蒸笼里的水沸腾后，改为小火蒸10分钟左右。

牛奶炖蛋

脆皮炸鲜奶

（1）材料：牛奶、炼乳、玉米淀粉、面粉、泡打粉等。

（2）做法：把牛奶和炼乳混合，然后加入玉米淀粉，搅拌均匀后倒入锅中，用小火加热并不停搅拌，待加热到牛奶变成糊状关火。将煮好的牛奶倒入碗中，盖好盖子后置于冰箱中冷冻约1小时。将面粉与泡打粉混合，加水调成较浓稠的脆皮糊。最后，把冻好的牛奶取出并切成小块，裹上脆皮糊油炸后即可食用。

脆皮炸鲜奶

纯牛奶产品

按照加工方法的不同，纯牛奶产品可分为以下几种：

巴氏杀菌奶。采用巴氏杀菌法处理鲜奶而制得的液态奶制品，因为其杀菌温度不高（72~85℃），所以牛奶营养保留得较好，但是又因为低温不能灭活所有细菌，所以巴氏杀菌奶保质期不长而且需要低温保存。

超高温灭菌乳。根据《食品安全国家标准　灭菌乳》（GB 25190—2010），超高温灭菌乳的定义为“以生牛（羊）乳为原料，添加或不添加复原乳，在连续流动的状态下，加热到至少132℃并保持很短时间的灭菌，再经无菌灌装等工序制成的液体产品”。使用超高温杀菌方式处理牛乳，其灭菌效果较好，因此灭菌牛乳能于常温下贮藏30~40天。此外，因为超高温杀菌时间较短，所以这种方式能够保留牛奶中大部分的营养成分。

生鲜牛乳。根据宁夏回族自治区地方标准《生鲜牛乳质量分级》（DB 64/T 1263—2016）规定，生鲜牛乳是“从符合国家有关要求的健康奶牛乳房中挤出的无任何成分改变的常乳”。标准中指出，每毫升合格生鲜牛乳中菌落总数不大于200万CFU。如今，以散装形式出售生鲜牛乳在市面上较为少见。因为生鲜牛乳未经过杀菌这一步骤，所以消费者购买生鲜牛乳后通常将其煮沸饮用。因为缺少均质处理这一步骤，生鲜牛乳的乳脂肪球直径比较大，所以煮沸后会出现乳脂肪球聚集上浮现象，带来“黏稠”“风味浓郁”的感官印象。据报道，在营养和影响人体健康功能方面，生鲜牛乳与经巴氏杀菌处理后的纯奶并没有明显不同。此外，生鲜牛乳易受环境中微生物（如金黄色葡萄球菌、大肠杆菌、假单胞菌、真菌等，以及源于动物体的布鲁氏菌和结核杆菌等人畜共患致病菌等）污染，所以，若生鲜牛乳杀菌不彻底，就非常容易导致人畜共患病的传播。由于生鲜牛乳缺乏消毒处理这一步骤，而且产奶的奶牛有没有被检疫、是否健康，牛奶在运输过程中有没有被污染等情况难以掌握，其食品安全性无法保证。尤其对儿童、老人、孕妇等免疫力低下的人群来说，饮用不洁净生鲜牛乳后患上疾病的风险更大。因此，建议消费者不要直接饮用未经消毒杀菌的生鲜牛乳。

纯牛奶

奶粉

《食品安全国家标准　乳粉》（GB 19644—2010）中表明，乳粉是“以生牛（羊）乳为原料，经加工制成的粉状产品”。调制乳粉是“以生牛（羊）乳或及其加工制品为主要原料，添加其他原料，添加或不添加食品添加剂和营养强化剂，经加工制成的乳固体含量不低于70%的粉状产品”。

奶粉容易保存，容易冲调，营养丰富，便于携带。速溶奶粉的颗粒比普通奶粉的大且结构疏松，分散度高，湿润性好。冲调奶粉时，即便用温水也能将其迅速溶解。

加工奶粉一般使用真空蒸发罐将牛奶浓缩成饼状，然后再通过干燥将其制成粉末状固体。还有一种加工方法是将初步浓缩后的牛奶摊放于加热的滚筒上，将烙成的薄奶膜剥落再制成粉末。目前最常用的奶粉加工方法是喷雾干燥法，该方法是美国人帕西于1877年发明的。它是先通过真空浓缩方法将牛奶浓缩至原体积的1/4，再将牛奶以雾状喷到含有热

奶　粉

空气的干燥室里，去除水分后制成白色粉末，最后快速降温并过筛，经包装后即得成品。采用喷雾法生产奶粉的原料——新鲜牛奶，在进入工厂后，先要经过严格的质量检验和杀菌等各种工艺处理，然后以全密封管道的形式流入奶粉生产流水线，进行生产准备。完全以液态形态进行配方精确调配后，各配方组成成分充分融合，再将新鲜的奶液直接喷雾干燥成粉。牛奶成粉后，其所含的营养成分更易被人体吸收。新型的液态工艺，最大限度地减少了原料奶营养物质的热损耗，保留原料奶中的大部分营养成分，使得最终产品更接近天然，更容易被人体消化、吸收和利用。

酸奶

酸奶制作的基本原理是在新鲜牛奶中添加乳酸菌，然后置于温暖的环境中让乳酸菌大量生长繁殖（发酵）。发酵过程中乳酸菌把牛奶中的乳糖分解成乳酸，使发酵液的pH下降，当pH下降到4.6左右时，牛奶中的酪蛋白将会慢慢地沉降下来，形成细腻的凝冻，溶液整体的黏度也会提高。

根据《食品安全国家标准　发酵乳》（GB 19302—2010），发酵乳可分为4类：酸乳（奶）、发酵乳、风味酸乳和风味发酵乳。酸乳（奶）是“以生牛（羊）乳或乳粉为原料，经杀菌、接种嗜热链球菌和保加利亚乳杆菌（德氏乳杆菌保加利亚亚种）发酵制成的产品”。发酵乳是“以生牛（羊）乳或乳粉为原料，经杀菌、发酵后制成的pH降低的产品”，没有菌的限定。风味酸乳除了含有奶或奶粉，还添加了其他成分，如食品添加剂、果蔬或谷物等，只要满足奶或奶粉含量超过80%、蛋白质含量不小于2.3%的条件即可。风味发酵乳除了含有奶或奶粉，在接种发酵后还添加了其他成分，且没有菌的限定。

炼乳

炼乳是用新鲜牛奶或山羊奶经杀菌浓缩后制成的乳制品，通常是将鲜奶通过真空浓缩或其他方法除去大部分水分，浓缩至原来奶品体积的25%～40%，然后加入40%的蔗糖灌装而成的。它的特点是贮存时间长。

炼　乳

工业生产的炼乳使用新鲜全脂牛奶或脱脂牛奶，生产前需进行预热和消毒。具体操作为：在80℃条件下，预热10～15分钟消毒灭菌，杀灭生牛奶中对产品质量有害的细菌、酵母菌等真菌和各种酶等。预热也有利于达到后续真空浓缩过程的温度要求。制作炼乳首先要在奶中加入质量为奶体积的15%～16%的糖，通常选用洁白、干燥、无异味的结晶蔗糖或优质甜菜糖。例如，2000毫升原料奶可以添加0.3千克的糖，或者把浓度为65%的糖溶液添加至即将浓缩好的原料奶中，充分搅拌，或吸入真空浓缩罐。然后，采用盘管式真空浓缩罐进行浓缩，控制条件为45～60℃，真空度为60～720毫米汞柱（1毫米汞柱=0.133千帕），加热蒸汽压力为0.5～2千克/平方厘米。最后冷却，避免在一开始就用低温冷却，应先将浓缩的炼乳从浓缩罐（铝罐）中倒出，一边搅拌一边将其迅速冷却为28～30℃，并维持约1小时，然后再冷却为12～15℃。

根据炼乳加工的原料和辅料的不同，可将其分为甜炼乳、花色炼乳、淡炼乳、强化炼乳、调制炼乳、脱脂炼乳和半脱脂炼乳等。

五、食用注意

（1）乳糖不耐受症患者饮用牛乳会引起腹痛和腹泻，因此应避免摄入纯牛乳及奶制品，但可食用酸奶制品。

（2）牛奶过敏人群也应该避免摄入奶制品。根据联合国粮食及农业组织相关规定，乳及乳制品是八大食物过敏原之一。美国及欧盟规定，乳及乳制品是食品包装上必须标识的食品过敏原成分。从理论上讲，牛奶中每一种蛋白质都可能是过敏原，酪蛋白、α-乳白蛋白及β-乳球蛋白是公认的主要过敏原，而牛血清白蛋白、免疫球蛋白及乳铁蛋白是次要过敏原。

（3）牛奶在保存时，应当避免阳光直射，以防维生素遭到破坏。

（4）急性肾炎、肾功能衰竭患者不宜摄入牛奶，以避免摄入脂肪，增加肾脏的负担，加重疾病。

（5）腹部动手术者在未拆线前不宜摄入牛奶，以免胀气，影响伤口的愈合。

陡门神牛

明末清初时，浙江温州陡门村陈姓家族出了个叫陈祉元的人。这人可是当时一个了不得的人物，至今陡门的很多传奇故事都与他有关。

话说某一日，陈祉元因儿子过几天要娶媳妇，便去乐清虹桥购买结婚用品，途经江岙村的朱埭岭开岩前，只听得一个声音对他说："四都湖边村水云头有头跛脚的水牛娘正要被杀掉了，你速去用十个铜钱将它买回。"陈祉元循着声音四下寻觅，山谷里空无一人，又寂然无声。这空谷传声的奇事，让陈祉元感到非常蹊跷，便加快了脚步向湖边村走去。

果然，陈祉元到了湖边村水云头，所见如所闻。宰牛的师傅正在磨刀霍霍。陈祉元说明来意，牛主人连忙摇头说："这牛不卖，牙口都没了。你看这牛角开花，脚蹄粗糙，毛色枯黄。买去也派不上用场，再说你就连赶上山去，也很困难。"陈祉元却缠着主人，执意买下了这头牛，周围的人都取笑陈祉元是个十足的呆头。

陈祉元牵着这头水牛娘往家赶。回来后听说未过门的儿媳妇哭闹着不肯嫁到他们这个"千年没听锣鼓响，万年不见水龙划"的山里来（姑娘是永嘉下塘人氏，嫌山里穷且无趣）。眼看这门亲事就要泡汤，陈祉元笑笑说："陡门山也是可以响锣鼓、划龙舟的。"

于是，陈祉元召集乡亲中的能工巧匠，在陡门村口建造陡门闸。闸门一闭，从村口到村中的一条1000多米的小溪，成了波光粼粼的河面。锣鼓喧天，龙舟竞渡。山中此番热闹景象，那真是旷古未有，一时传为佳话。由于这件事影响太大，乡民们以此为荣，这一方山水，就被叫作了“陡门山”。

当然，下塘的儿媳妇是娶上门了，而当时陈祉元买来的水牛后来居然变成了神牛。儿媳妇给陈家生了个大胖孙子，因奶水不足，婆婆想到了那头水牛娘，于是试着去挤奶，水牛竟然出乳了，而且源源不断，喝了又有，永远喝不完。后来，此牛就是陈家的招财爷，陈祉元想啥有啥，神奇的事层出不穷。米缸里的米，也吃了又满，永远吃不完。因为有招财爷的相助，陈祉元的家业逐渐壮大，以至富甲一方。相传方圆20里，皆是陈祉元的“地盘”。

陡门也因盛产水牛乳而名震八方。水牛乳后来成为南方的重要乳品，其奶质十分优良，被世界公认为“奶中珍品”！

羊奶

仙家酒、仙家酒，两个葫芦盛一斗。
五行酿出真醍醐，不离人间处处有。
丹田若是干涸时，咽下重楼润枯朽。
清晨能饮一升余，返老还童天地久！

——《服乳歌》（明）李时珍

一、食材基本特性

英文名，又名

羊奶（Ewe's milk），又称羊乳，为哺乳纲牛科动物山羊或绵羊分泌的乳汁。

形态特征

新鲜羊奶以纯白、味甘香者为佳。

产 地

我国的内蒙古、新疆、西藏、甘肃、青海等地是主要产奶区且所产羊奶品质较高。

二、营养及成分

经测定，每100克羊奶和羊奶粉中主要营养成分见表2所列。

表2　每100克羊奶和羊奶粉中主要营养成分

食材名称	蛋白质（克）	脂肪（克）	碳水化合物（克）	钙（毫克）	铁（毫克）	磷（毫克）	硒（毫克）	钾（毫克）	胆固醇（毫克）	水（克）
羊奶	3.5	5.8	1.1	116	0.1	75	1.6	95	11	88.9
羊奶粉	18.8	25.2	49	730	1.5	610	142.4	620	75	1.4

羊奶的营养价值比牛奶高，干物质营养含量一般比牛奶高10%，比人奶高5%。羊奶矿物质和维生素种类丰富，如钙、磷、钾、铁等，其绝对含量比牛奶高1%，相对含量是人奶的4~8倍。羊奶中脂肪含量高，脂肪球直径很小，约为2微米，因而容易悬浮在羊奶中而非聚集在

奶的表面，而牛奶脂肪球直径为3~4微米，因而羊奶更有利于人体吸收，婴儿对山羊奶的消化率高至89%。羊奶中的蛋白质、维生素和矿物质含量均略高于牛奶，可以充分满足婴幼儿生长发育的营养需求，非常适合过敏、胃肠疾病、支气管炎症患者或体质虚弱的人群及婴幼儿饮用。

羊奶中的免疫球蛋白含量较多，主要是免疫球蛋白G（IgG），能够增强婴幼儿的免疫能力；羊奶的不饱和脂肪酸含量高于牛奶和人奶，有利于婴幼儿的大脑发育和智力提高；羊奶中的上皮细胞生长因子有利于促进婴儿胃肠和肝脏器官发育；羊奶导致的过敏发生率不高，是不耐受牛奶蛋白儿童的最佳选择。奶山羊很少患有结核疾病，因而羊奶喝起来更安全。

对于女性来说，羊奶中富含维生素E，能够防止细胞内不饱和脂肪酸的氧化和分解，延缓皮肤老化，增强皮肤的弹性和光泽。此外，羊奶中的上皮细胞生长因子对皮肤细胞有修复功能，还能增强人体的抵抗力。

羊　奶

三、食材功能

性味 味甘，性温。

归经 归肝、心、胃、肾经。

功能

（1）《千金方》：补虚止渴，滋心润肺，益肾和肠，降逆止痛，解毒镇惊。

（2）《本草纲目》：治大人干呕反胃，小儿哕宛及舌肿，并时时温饮之。

（3）羊奶中富含三磷酸腺苷（ATP），有利于增强人体器官的活力，提高免疫功能，并具有维持机体组织代谢平衡的作用。羊奶富含免疫球蛋白，有利于婴幼儿的生长发育。

（4）通过对足月健康婴儿的多中心、随机双盲对照研究发现，羊乳基婴儿配方奶粉喂养的婴儿，其肠道菌群构成更接近母乳喂养婴儿。

（5）羊奶具有较强的抗氧化能力、清除自由基能力，可保护细胞和器官，延缓衰老。

（6）羊奶与人奶均为弱碱性，对胃酸分泌旺盛者和胃溃疡患者来说，羊奶有一定的缓解作用。因此，羊奶不仅是胃病患者的极佳选择，还对胃溃疡有一定的治疗和康复作用。

（7）羊奶中富含卵磷脂、脑磷脂和鞘磷脂，这些有利于保护视力，促进儿童生长发育。

四、烹饪与加工

羊奶核桃蛋糕

（1）材料：羊奶、鸡蛋、核桃仁、面粉、白砂糖、食用油等。

（2）做法：首先将鸡蛋打入碗中，并将蛋清和蛋白分开；然后将蛋清打发泡，将白砂糖分3次放入，打发至无颗粒感为止；再将羊奶和面粉

羊奶核桃蛋糕

放进蛋黄里，同样分3次放入，搅拌至无颗粒感为止；最后将打发好的蛋清和蛋黄混合，并搅拌均匀。核桃仁打碎备用。纸杯底部刷一层食用油，倒入混合后的蛋液，在顶部撒上少许核桃仁。烤箱140℃，上下预热15分钟，然后将盛有蛋液的纸杯放入，180℃上下火烤20分钟即可。

羊奶茶

（1）材料：羊奶、红茶、白砂糖等。

（2）做法：将鲜羊奶倒进汤锅中，加入红茶搅拌均匀，用小火煮至沸腾。羊奶变颜色后，加入适量白砂糖，搅拌至糖融化后，用纱布过滤掉茶渣，即制成羊奶茶。因为羊奶中加入了红茶，羊奶的腥膻味得到很好的去除，口感大大提升。

酸羊奶

羊奶的腥膻味强烈，有些消费者很难接受。目前，酸羊奶的加工方法大多是先脱脂而后除膻发酵，将其制成酸奶。脱脂除膻可以显著改善羊奶的风味特征，从而使消费者更容易接受。

羊奶粉

羊奶粉是羊奶最主要的加工制品，是通过加热羊奶使其水分蒸发，然后干燥制成的白色粉末状产品。与液态奶相比，羊奶粉贮存时间更长，营养流失较少，品质更佳，质量大大减轻，运输更为方便。

五、食用注意

（1）羊奶过敏人群应避免摄入羊奶制品。

（2）羊奶在保存时，应避免阳光直射，以防维生素遭破坏。

（3）急性肾炎、肾功能衰竭患者不宜摄入羊奶，以避免摄入脂肪增加肾脏负担，加重疾病。

（4）腹部动手术者在未拆线前不宜摄入羊奶，以免胀气，影响伤口愈合。

（5）新鲜羊奶呈乳白色均匀胶态流体状，具有羊奶固有的香味。若羊奶色泽异常，呈红色、绿色或黄色，表现出粪尿味、霉味、臭味等，均属异常奶，不得食用。

羊奶美容

中国古代美女肤如凝脂，多因护肤有道。

我国自古便有饮羊奶养颜的秘法。《魏书·王琚传》记载："常饮羊乳，色如处子。"就是说常喝羊奶，皮肤就会像孩子的面色一样嫩白光滑。由此可见，羊奶具有美容养颜的特殊功效。据野史记载，汉朝美女王昭君远嫁匈奴之后，不但没有容颜憔悴，反而愈发容光焕发。因为匈奴是我国古代的游牧民族，羊奶则是匈奴人日常生活中必备的绝佳饮品。王昭君嫁到匈奴，天天饮用羊奶，"色如处子"，肤如凝脂。

据记载，慈禧太后也饮用羊奶来护肤。叶赫那拉氏进宫仅5年就被咸丰帝封为贵妃，可见咸丰帝对她的宠爱。据传，叶赫那拉氏虽不算绝代佳人，但皮肤细腻得像白玉一样晶莹。因为她从小饮用羊奶，所以自小就出落得比别家姑娘水灵。

马奶

晓入重闱对冕旒，内家开宴拥歌讴。
驼峰屡割分金碗，马奶时倾泛玉瓯。
禁苑风生亭北角，寝园日转殿西头。
山前山后花如锦，一朵红云侍辇游。

——《御宴蓬莱岛》（宋末元初）
汪元量

一、食材基本特性

英文名，又名

马奶（Mare’s milk），又称马奶子，是哺乳纲马科动物马分泌的乳汁。

形态特征

新鲜马奶以色纯白、味甘香者为佳，以白马的乳汁为最优。马奶分为生马奶和熟马奶两种，熟马奶又被称为酸马奶。

产地

马在世界范围内均有分布，而奶马群主要分布在欧亚大陆，特别是俄罗斯、蒙古和中国等。中国大多数奶马分布于内蒙古及其周边地区。

马 奶

二、营养及成分

经测定，每100克马奶中主要营养成分见表3所列。

表3 每100克马奶中主要营养成分

食材名称	蛋白质（克）	脂肪（克）	碳水化合物（克）	维生素B_2（毫克）	钙（毫克）	铁（毫克）	磷（毫克）	水（克）
马奶	2.2	1.1	5.8	0.1	120	0.2	57	90.6

由于马奶成分和人奶十分相似，并具有舒筋活血等功效，因此，若婴儿对牛奶过敏，可用马奶作为母乳的替代品。马奶中免疫球蛋白的含量很高，经常饮用能够提高人体的免疫力，有利于机体对抗有害细菌和病毒。马奶富含多种维生素和矿物质，能够疗伤养颜，是保健和美容的佳品。酸马奶由马奶发酵制成，含有丰富的维生素、微量元素和多种氨基酸，具有强身健体的功效，对高血压、冠心病、肺结核、慢性胃炎、肠炎、糖尿病等疾病的预防作用较为明显，对伤后休克、胸闷、心前区疼痛等具有辅助疗效。

三、食材功能

性味 味甘，性凉。

归经 归心、肺、胃经。

功能

（1）马奶具有清热润燥、生津养胃、强壮身体的功效，对胃不纳谷、胃热、胃痛、便秘、头晕及神疲乏力等病症有辅助治疗作用。马奶可补血润燥，清热止渴，适宜于体质虚弱、气血不足、营养不良、血虚烦热、口干消渴者食用。

（2）研究发现，灌喂40天不同剂量马乳的小鼠负重游泳时间和爬杆时间显著上升，血液中乳酸和尿素氨含量明显下降，乳酸脱氢酶活力和肝糖原含量明显增加。由此可见，马奶在一定程度上具有抗疲劳功效。

四、烹饪与加工

马奶粥

（1）材料：大米、马奶等。

（2）做法：将大米淘洗干净，置于锅中，加适量水，用大火将其煮沸，然后改小火煮35分钟，再倒入马奶，煮沸即为马奶粥。

马奶沙拉酱虾仁

（1）材料：马奶、虾仁、食用油、盐、鸡精、胡椒粉、面粉、淀粉、沙拉酱等。

（2）做法：把虾仁清洗干净，用盐、胡椒粉、鸡精将虾仁腌渍入味。把马奶、面粉、淀粉和食用油调成面糊，然后加入虾仁，搅拌均匀。将油锅烧热，放入虾仁炸熟后捞出控油。再把炸好的虾仁放进沙拉酱中，搅拌均匀即可食用。

马奶酒

2000多年前，古代匈奴人生产生活以畜牧业为主，奶制品种类很多，如酸奶、奶酪等。随着酸马奶制作工艺的改善和提升，我国很早就进行了马奶酒酿制。蒙古语中将马奶酒称为“乞戈”或“艾日戈”。它是由马奶酿制而成的一种酒精度较低的饮料，其制作方法是把鲜马奶装入皮囊中，将其挂在向阳的地方，每天用一根特制的木棍搅拌马奶多次，让马奶自然发酵，慢慢变酸。当马奶颜色变得清淡透明、口感酸辣时，马奶酒即制作完成。马奶酒不仅清凉可口、营养丰富，还具有滋养脾

马奶酒

胃、除湿、利便、消肿的功效，尤其是对肺病患者的辅助疗效较好。如今，马奶酒饮疗法已成为蒙医的独特疗法。

酸马奶

酸马奶是以生马乳为原料，经捣搅、发酵后制成的pH降低的蒙古族传统乳制品。

把新鲜的马奶冷却到10℃，接入曲种，然后放在一个密闭的容器中，温度保持在37℃，发酵3~5天，便可制成酸马奶。酸马奶通过马奶发酵而制得，营养价值高，富含维生素、微量元素和多种氨基酸，尤其是维生素C含量很高，此外还含有乳酸、酶、矿物质和芳香物质等。酸马奶疗法还是蒙古族的一种传统饮食疗法，它具有强身健体等功效。

五、食用注意

有乳糖不耐受症的人群应避免食用马奶及其制品，否则会产生腹痛、腹泻等一系列不良症状。

耶律楚材父子诗中的马奶酒

古代专门描写马奶酒的诗文数量不算多，主要集中在元代，其中以耶律楚材父子的作品数量最多。由于这种酒往往不为中原地区的人所了解，所以这些诗文就具有了独特的文化价值。

元初的儒臣耶律楚材曾随元太祖西征，足迹远涉西域各地，创作了数十首西域诗，提及马奶酒的有5首，其中专门写马奶酒的就有3首。有一次，他想喝马奶酒，于是给友人贾抟霄写诗讨要，就作了《寄贾抟霄乞马乳》："天马西来骧玉浆，革囊倾处酒微香。长沙莫吝西江水，文举休空北海觞。浅白痛思琼液冷，微甘酷爱蔗浆凉。茂陵要洒尘心渴，愿得朝朝赐我尝。"

他不仅把马奶酒的制作、酒具及酒香写入诗中，而且连用贾谊、孔融、汉武帝的典故，写出了马奶酒的绝佳品质，甚至"愿得朝朝赐我尝"，可见他对马奶酒的喜爱之情。

他的朋友贾抟霄看到这首诗，立即派人将马奶酒给他送去，毫无吝惜之情。耶律楚材对朋友的慷慨相赠十分感激，于是又写下了《谢马乳复用韵二首》：

"生涯箪食与囊浆，空忆朝回衣惹香。笔去余才犹可赋，酒来多病不能觞。松窗雨细琴书润，槐馆风微枕簟凉。正与文君谋此渴，长沙美湩送予尝。"

"肉食从容饮酪浆，差酸滑腻更甘香。革囊旋造逡巡酒，桦器频倾潋滟觞。顿解老饥能饱满，偏消烦渴变清凉。长沙严令君知否，只许诗人合得尝。"

这两首诗仍用原韵，而对马奶酒美味的赞美则更进一步，写出了马奶酒在口的"差酸滑腻更甘香"以及解饥乏、消烦渴的功用。

同是写马奶酒，耶律楚材的次子耶律铸却不用汉语意译的名称，而是用奄蔡语“麆沆”为题作诗：“玉汁温醇体自然，宛然灵液漱甘泉。要知天乳流膏露，天也分甘与酒仙。”诗中的“天乳”指“天乳星”，古人认为此星主降甘露。诗人极尽辞藻形容之能事，把马奶酒比作上天赐给人间的玉汁、灵液、甘泉和膏露，赞美与喜爱之情更甚于其父。

驴奶

闻在江宁得小驴，价高人说是名驹。
行时亦肯过桥否，饥后还能饮涧无。
不称金鞍驮侍女，只宜席帽载贫儒。
濡陵雨雪诗家事，乞与它年做画图。

——《柬人求驴子》（南宋）
刘克庄

一、食材基本特性

英文名，又名

驴奶（Donkey milk），为哺乳纲马科动物驴分泌的乳汁。

形态特征

新鲜驴奶味甘，为白色液体。

产 地

驴奶盛产于我国北部地区。

二、营养及成分

经测定，每100克驴奶中主要营养成分见表4所列。

表4 每100克驴奶中主要营养成分

食材名称	蛋白质（克）	脂肪（克）	乳糖（克）	灰分（克）	磷（毫克）	钙（毫克）	维生素C（毫克）	胆固醇（毫克）	水（克）
驴奶	1.8	1.5	6.3	0.4	50	84.9	4.8	2.2	88

驴奶中富含多种矿物质和维生素，磷钙含量比是1：1.7，硒含量是牛奶的5.2倍，维生素C含量是牛奶的4.8倍。驴奶是一种乳清蛋白乳，乳清蛋白和乳球蛋白的含量占驴奶总蛋白含量的六成以上，而乳清蛋白是世界公认的营养价值最全面的天然蛋白质之一，具有很高的营养价值和生物学价值，有“蛋白质之王”的美称。每100克驴奶中的胆固醇含量为2.2毫克，为牛奶的14.7%。在所有的家畜奶中，驴奶的成分与人奶最相似，能够用于制作婴儿配方奶。由于驴奶的化学物质丰富、营养价值高，因此在乳制品和保健食品应用与开发方面具备巨大的潜力。

驴　奶

三、食材功能

性味 味甘，性寒。

归经 归心、肝、脾、肾经。

功能

（1）《千金食治》：主大热，黄疸，止渴。

（2）《唐本草》：主小儿热惊、急黄等，多服使利热毒。

（3）《本草纲目》：频热饮之，治气郁，解小儿热毒，不生痘疹；浸黄连取汁，点风热赤眼。

（4）驴奶含有许多抗菌物质，如溶菌酶、乳过氧化物酶、乳铁蛋白、N-乙酰-β-葡萄糖苷酶和免疫球蛋白等。表5列举了一些驴奶抗菌试验的研究方法和实验结果。

表5　驴奶抗菌实验

研究方法	实验结果
琼脂扩散实验	猪霍乱沙门菌和痢疾杆菌是对驴奶最敏感的菌株
原位测试抑制实验	温度为20℃时，驴奶对痢疾志贺菌有抑制作用，活细胞数降低至可检测水平以下

（续表）

研究方法	实验结果
提高免疫力的研究	用环磷酰胺制备小鼠模型，给予小鼠不同剂量的新鲜驴奶，20天后，血清溶血素含量提高，抗体分泌增加，脾脏和胸腺指数等免疫指标提高
覆盖法研究	鲜驴奶可抑制结核杆菌生长
驴奶水解样品抗菌实验	对4种病原微生物蜡样芽孢杆菌、金黄色酿脓葡萄球菌、粪肠球菌、大肠杆菌有明显的抗菌作用，抑菌圈范围为4.3~17.4毫米，并且呈剂量依赖关系

（5）研究发现，用驴奶喂食实验小鼠后，其游泳时间、血清尿素氮、肝糖原含量等均体现出抗疲劳作用。除此以外，驴奶中富含支链氨基酸（亮氨酸、异亮氨酸、缬氨酸），可促进乳酸循环和糖异生，降低运动后乳酸积累量，有利于消除运动性疲劳。

驴　奶

四、烹饪与加工

生驴乳

按《食品安全地方标准　生驴乳》（DBS65 017—2017）中规定，生驴乳是“从正常饲养的、经检疫合格的无传染病和乳房炎的健康母驴乳房中挤出的无任何成分改变的常乳，产驹后15天内的乳、应用抗生素期间和休药期间的乳汁、变质乳不应用作生乳”。

五、食用注意

（1）有乳糖不耐受症的人群应避免食用驴奶，对驴奶过敏者也应避免食用驴奶。

（2）食用鲜驴奶应注意其是否新鲜，变质奶不可食用。

神驴传说

话说康熙年间某个寒冷的冬天，黄河水面上结了一层厚厚的冰，人们时常看到有一头黑色的毛驴在冰面上驰骋嬉戏。其浑身乌黑发亮，蹄颈上长有一圈白毛，双耳竖立，煞是精干。它在冰河上尽情地奔跑着，偶尔还会放开嗓门嘶叫几下，清脆的嘶叫声传遍山野村庄，将熟睡的人们从甜蜜的梦境中吵醒。起初，人们以为这是谁家的驴子脱逃圈舍，跑了出来，无人在意。可日子过了好久，也不见有人来寻找，便引起了人们的注意。有人试图捉住这头驴，可谁也没有成功。

转眼间到了春天，时逢春耕季节，很多人家由于缺少畜力，正在为不能适时播种而犯愁。这时，人们想起了去年冬天那头游荡在冰面上的黑驴。但是只要有人走近，它便飞快地奔跑起来，一溜烟消失得无影无踪。令人惊奇的是，那些家中真正没有畜力的穷苦农户，只要在晚上睡觉前心中默默念叨一下，第二天清早，这头黑驴便乖乖地站在家门口，等着农户来使唤。而且它从来不吃草料，干完活后，到了天黑就会跑得无影无踪。

黑驴帮穷人耕田种地的消息不胫而走，传到了一位老财主的耳朵里。他眯起肥肿的小眼睛，打起了黑驴的主意。有一天，老财主看见黑驴正在为一户穷人家拉犁种地，便叫上几个打手，来到穷人的地头，声称是穷人偷了他家的驴，耽误了他的春播农活，不但要将黑驴强行牵走，还要穷人赔偿损失。那个穷人还未来得及辩解，便被狠心的老财主抢走了缰绳，牵着黑驴要走。孰料这驴子突然又蹦又跳，扬起后蹄，朝老财主的嘴上踢去，只见老财主口中流血，两颗门牙也随之落地。再看那黑驴，挣脱缰绳，跑到黄河边不见了。

老财主抢驴未成，反而赔掉两颗门牙，心中十分恼火。便又生诡计，到县府衙门状告穷人私养妖驴，踢掉他的牙齿。这县太爷是个赃官，一手接了状子，一手收了老财主的贿赂，立即将穷人抓捕到堂审问，限其3日内交出黑驴，并向老财主赔礼道歉。可怜那穷人无端遭受如此冤屈，无处伸张，只好来到黄河边祈祷，恳求那黑驴出现，以帮他了却这桩冤案。那黑驴果真出现在眼前，温顺地跟随穷人到了县衙去见县太爷。走到衙门口，一个商人模样的人，见此黑驴与众不同，要以100两银子买下。穷人只好将冤情如实相告，商人听完后告知穷人如此这般，随后一同进了衙门。

县太爷高坐大堂之上，一副趾高气扬的神态，传令衙役将老财主带上公堂，审理这桩公案。那老财主见了黑驴，内心好不欢喜，恨不能一下将它牵到自己手中。此时，在旁听县官断案的商人突然发话，问那穷人道："你这穷家子弟，不知本分务农，为何要偷别人的毛驴呢?"这穷人便将黑驴出现以及帮助穷人耕地的过程从头至尾详细讲述了一遍。听完穷人的叙述，那商人说："原来如此！这驴我要了。这是100两银子，是我与你献驴的赏钱，你拿着钱回家种地务农去吧！"县太爷见有人居然敢扰乱公堂，气得火冒三丈，遂喝令衙役将商人拿下，要问他私闯公堂闹事之罪。几个衙役刚要上前动手，却已被商人的仆从即刻打翻在地。又见商人的腰间露出一面小小金牌，县太爷看到此物，吓得面如土色，滚下公堂，跪在地上叩头如捣蒜一般，身体也瘫作一团。老财主见此情景，吓得呆若木鸡。那商人随即传令仆从："这贪婪县令，不为民众谋生计，却与恶人勾结，徇私枉法，现予革职，待后押解京城查处。这财主为富不仁，罚他80大板，其余便不追究。这黑驴朕以百两银子买得，从今往后永为朕代步宝驹。"

原来这位商人乃清朝康熙皇帝，他微服私访到了此地，恰好遇上了这件奇事。据说后来康熙下江南访贤时所骑黑驴，正是这头神驴。

骆驼奶

老眼今犹见雪明，几番绝景慰生平。
三高祠畔吴江棹，百战军前鄂汉城。
颠沛艰难垂欲死，登临慷慨谩多情。
骆驼乳紫青貂暖，老矣无由再玉京。

——《二十八日残雪不消怀旧》
（宋末元初）方回

一、食材基本特性

英文名，又名

骆驼奶（Camel milk），又称驼奶或骆乳，是哺乳纲骆驼科动物骆驼分泌的乳汁。

形态特征

新鲜骆驼奶色泽偏黄，有淡淡的咸味，有清淡的乳香味。

产地

世界上骆驼奶的主要产区有中国、苏丹、毛里塔尼亚、阿联酋、肯尼亚、埃塞俄比亚、也门、马里、沙特阿拉伯和乍得。

骆驼

骆驼奶

二、营养及成分

骆驼奶对很多人来说并不熟悉，但在一些国家，骆驼奶已被认为是一种不可替代的营养食品。联合国粮食及农业组织认为，骆驼奶含有大量人体所需的维生素C、钙和铁，适合人们长期饮用。

经测定，每100克骆驼奶中主要营养成分见表6所列。

表6　每100克骆驼奶中主要营养成分

食材名称	蛋白质（克）	脂肪（克）	乳糖（克）	灰分（克）	非脂乳固体（克）	铁（毫克）	钙（毫克）	维生素C（毫克）	水（克）
骆驼奶	4	2	6	0.9	10.9	0.1	161.8	3.8	73.7

与牛奶相比，骆驼奶中的蛋白质、钙和铁含量更高，且所含脂肪很少，具有极高的营养价值。据报道，1毫升骆驼奶和1毫升牛奶中含有的胰岛素分别为52个微单位和16个微单位，因此，骆驼奶比牛奶能够更好地起到降血糖的作用。由于骆驼奶中β-乳球蛋白含量少，其引发的过敏

反应发生率较低，因此对牛奶过敏的人群可以考虑将骆驼奶作为替代品。此外，骆驼奶中溶菌酶和乳铁蛋白含量也很高，经常饮用骆驼奶能够提高人体免疫力。

三、食材功能

性味 味甘，性温。

归经 归脾、胃、肾经。

功能

（1）骆驼奶具有强大的活血、镇静安神和增加营养等功效，有利于增强肝脾功能、改善胰腺功能、促进全身新陈代谢、清肺消暑、补肝益肾、养阴、解毒、促进肉芽生长、加速疾病痊愈以及清除坏死组织等。

（2）目前，根据流行病学调查、动物模型实验和临床实验研究，许多学者探究了骆驼奶对糖尿病的作用，大致观点是：骆驼奶能够有效降低糖尿病模型动物和糖尿病临床患者的空腹血糖含量，同时起到改善糖和脂肪代谢紊乱、增加机体抗氧化水平和胰岛素的敏感性等作用。此外，骆驼奶还具有明显抵抗肝细胞、胰岛β细胞和肾脏细胞凋亡的功能。

（3）研究发现，骆驼奶能通过调节Th1和Th2细胞因子的表达，从而纠正失衡的Th1或Th2细胞因子网络。骆驼奶还能够抑制病毒RNA复制，增强免疫功能，促进慢性乙型肝炎患者康复。

另外，骆驼奶能够诱导小鼠肠黏膜免疫细胞向Th1型分化，促进Th1细胞分泌细胞因子，抑制Th2细胞分化和分泌细胞因子。由此可见，骆驼奶具有抑制溃疡性结肠炎的可能性。

四、烹饪与加工

骆驼奶常见制品有酸奶、奶酪和奶粉。

酸奶

把骆驼奶倒进无菌容器中，放入白砂糖，轻轻搅拌，把原味酸奶或乳酸菌菌种倒进骆驼奶中，搅匀，用盖子密封发酵容器，温度保持在38℃左右，静置一整天后即可食用，可根据个人口味加入适量白砂糖。

奶酪

把新鲜的骆驼奶倒进桶里，搅拌并提取奶油，将纯奶放在温度适宜的地方自然发酵，待鲜奶出现酸味时，倒进锅里煮。当酸奶变成豆腐状后，将其用纱布过滤，待挤去酸奶中的水分后，把奶渣放入模具或者木制的盘子里，挤压成型，即得生奶酪成品。

奶粉

可参考牛奶粉的制作方法。

五、食用注意

（1）骆驼奶存放时应注意避免日光直射，以防维生素损失。

（2）急性肾炎、肾功能衰竭患者不宜摄入骆驼奶，以防因摄入脂肪而增加肾脏的负担。

（3）腹部动过手术者在未拆线前不宜摄入骆驼奶，以免腹部胀气，影响伤口愈合。

骆驼峰

当年，成吉思汗攻打西夏时，一路上势如破竹。来到鄂尔多斯高原时，却被一座高耸陡峭的乌兰陶勒盖（蒙古语，红色的山峰）挡住了。大汗的坐骑朝着这座高耸的大山冲了999次，都没能冲上去。眼看隆冬将至，若是大雪封山，进军就会遇到更大的困难。宫帐里，成吉思汗踱来踱去，显现出焦虑的样子。随军的忽兰哈屯看到了此情此景，便上前进言："大汗勿多忧虑，当心圣体。我听说大汗的亿万畜群中有一峰白色的母骆驼，颇有灵性。大汗何不乞求上天，使母驼怀孕，生一个神奇的驼羔，或许可以逾越这座险山。"

第二天，成吉思汗便命部将把白驼牵到帐前，然后登高祭天，乞求上天赐胎于白驼。不久，这峰白色的母驼便生下一只小驼羔。母驼生下小驼羔后，奶汁越来越多，小驼羔吃不完，就任洁白的奶汁随便流淌。慢慢的，这些奶汁便流成一片湖泊，人们称母驼奶汁流成的湖泊为"查干淖尔"（白色的湖）。

又过了些日子，小驼羔长成了一只非常健壮的骆驼。于是，它驮着成吉思汗来到了这座峥嵘的红色山峰前，先是使劲摇头摆尾，又蹦又跳，然后就嘶嘶地叫起来。突然，只见神驼前蹄腾跃，冲向前方起伏的山峦，并用它的后蹄踏出了一条弯弯曲曲的小路来。成吉思汗高兴极了，遂令大队人马沿着神驼踏出的小路越过乌兰陶勒盖山，继续向西夏进军。

征服西夏之后，成吉思汗又来到了这座被称作乌兰陶勒盖的山前，发现母骆驼和小神驼就卧在山峰的旁边，说什么也不起来。

此后，它们就化成了一座形似两只骆驼的坚硬无比的石山。经年累月，原来的那座山峰，被风吹雨打，渐渐地消失了，而那座形似骆驼的怪石山，却依然耸立在那里。

至今，在鄂尔多斯伊金霍洛旗新街镇西南的乌兰陶勒盖、松道河和道伦阿贵附近，依然有一个叫“骆驼峰查干淖尔”的湖泊，世世代代饮养着那两只神奇的“骆驼”。

人奶

坠地第一餐，恩重如泰山。
亲缘从此始，没齿总报还。

——《食母乳》（现代）任中

一、食材基本特性

英文名，又名

人奶（Breast milk），又称母乳、仙人酒、人乳、生人血、白朱砂，为妇女分娩后所产生的乳汁。

形态特征

人奶以母体健康、奶白而稠者为佳。

二、营养及成分

对于婴幼儿来说，母乳中营养物质丰富，温度适中，因此婴儿摄入母乳后不易患疾病。此外，摄入母乳还能降低婴幼儿营养不良和消化系统紊乱的风险，防止婴幼儿肥胖。对母亲来说，分泌母乳有利于子宫的恢复。在母乳喂养时，母亲和孩子之间可以建立一种自然的联系，这有利于增强母婴之间的亲密关系。除此以外，母乳喂养还具备卫生、经

母乳喂养

济、方便等好处。使用其他营养物质代替母乳并不能很好地满足婴儿生长发育的所有营养需求，不仅不利于婴儿大脑的发育，还会使婴儿的免疫力下降，并且对婴儿的心理和社会适应能力的发展造成不利影响。

母乳是婴儿最理想的天然食物，也是婴儿的主要营养来源。经测定，每100克人奶中主要营养成分见表7所列。

表7　每100克人奶中主要营养成分

食材名称	蛋白质（克）	脂肪（克）	碳水化合物（克）	维生素B_2（毫克）	维生素B_3（毫克）	钙（毫克）	铁（毫克）	磷（毫克）	胆固醇（毫克）	水（克）
人奶	1.3	3.4	7.4	0.1	0.2	30	0.1	13	11	87.6

与牛奶相比，人奶的酪蛋白总含量较低，酪蛋白组成类似于山羊奶。人奶、牛奶和山羊奶中的乳清蛋白含量较为相似，但在人奶中，大部分的乳清蛋白是α-乳白蛋白，β-乳球蛋白含量非常少。此外，人奶还含有乳铁蛋白、转铁蛋白、催乳素、叶酸结合蛋白、免疫球蛋白等。与山羊奶、牛奶相比，人奶中乳铁蛋白和免疫球蛋白含量要高得多，其中含量最高的免疫球蛋白是IgA。尿素是人奶中含量最高的非蛋白氮化合物。它能够为婴儿肠道微生物菌群的繁殖提供氮源，从而有利于肠道中有益微生物的生长增殖。人奶中含量最高的游离氨基酸是牛磺酸，它对人体的视网膜、中枢神经系统、肝脏等组织有重要影响，同时还能促进儿童生长发育，缓解和治疗高血压症。

人奶中的短链脂肪酸易被脂肪酶水解为小分子，因而更易被人体消化吸收；短链、中链脂肪酸具有预防和治疗肠道功能障碍、抑制胆固醇在体内沉积等功能。此外，有研究表明，短链、中链脂肪酸还可以预防冠心病、胆结石、膀胱纤维化等疾病。人奶中的长链脂肪酸主要包括硬脂酸、棕榈酸、亚油酸、亚麻酸和油酸等。母乳中的不饱和脂肪酸有利于婴幼儿的视网膜和大脑发育，具有重要的生理作用。

初乳是产妇生产后5~6天内分泌的乳汁，其中含有许多白细胞，是成乳的250倍，此外还有许多具有极强杀菌作用的免疫球蛋白，能降低呼吸道和肠道中相关微生物感染的风险，增强婴儿的免疫力。初乳中的硫酸盐类和维生素D能够用来预防早期佝偻病，而初乳中维生素E含量是成乳的3倍，可降低新生婴儿患贫血的风险。很多人因初乳色黄、质稠而放弃初乳，是非常错误的做法。

三、食材功能

性味 味甘，性平。

归经 归心、肺、胃经。

功能

（1）《本草经疏》：乳属阴，其性凉而滋润，血虚有热，燥渴枯涸者宜之。

（2）《本草再新》：补心益智，润肺养阴，除烦止渴，清热利水，止虚劳咳嗽。

（3）《随息居饮食谱》：补血，充液，化气，生肌，安神，益智，长筋骨，利机关，壮胃养脾，聪耳明目。

（4）IgA是人乳中含量最多的免疫球蛋白，其主要存在形式为分泌型IgA，分泌型IgA存在于母乳喂养婴儿的肠道内，可特异性地与肠道内的毒素因子和细菌毒素等结合，从而避免肠道受到病原菌的侵袭，降低婴幼儿患肠道疾病的风险。除了分泌型IgA以外，人奶中还有IgG和IgM两种免疫球蛋白。

（5）人奶中的α-乳白蛋白中色氨酸（4%～5%）、赖氨酸（10.9%）和半胱氨酸（5.8%）含量相对较高。色氨酸是婴幼儿配方奶粉中的限制性必需氨基酸，也是神经递质血清素的前体。人奶中的乳铁蛋白是由703个氨基酸组成的单链多肽，结合了两个三价铁离子和两个碳酸盐离子。乳铁蛋白分为铁饱和型和非铁饱和型，人奶中非铁饱和型乳铁蛋白含量约占90%，在体内与铁有极强的亲和性，而铁饱和型乳铁蛋白的结构稳定，具有较强的抗蛋白水解作用，因此能以完整分子的形式被吸收。

（6）人奶中含有很多含氮物质，其中很多生物活性成分可调节婴儿的生理功能。例如，人奶中的肽类可以促进婴儿肠道内双歧杆菌的定植和生长；人奶中含有的血管活性肠肽（VIP）对婴儿的消化系统具有生理调节作用；尿素可为婴儿肠道中微生物菌群的增殖提供氮源；游离氨基酸是婴儿合成自身所需蛋白质的重要原料；核苷酸是生命早期的必需营养素，在各种细胞生长过程中发挥着关键作用，有利于胃肠道发育、调节微生物生长、参与免疫调节等。

（7）人奶中含有4%~4.5%的脂肪，且脂肪中包括98%的三酰甘油、1%的磷脂、0.5%的胆固醇和胆固醇酯等。婴儿50%左右的能量由人奶中的脂肪提供，其中，棕榈酸（PA）是最重要的饱和脂肪酸，约占总脂肪酸的27%。

（8）乳糖是人奶中主要的碳水化合物，含量为65~70克/升，比例适当。它是6个月以内的婴儿的主要能量来源。人奶中乳糖主要为β-乳糖，可以促进肠道双歧杆菌的生长繁殖。目前已经证明，人奶中有200多种低聚糖，基本单体有5种：*D*-葡萄糖（Glu）、*D*-半乳糖（Gal）、*N*-乙酰葡糖胺（NAu-Glu）、*L*-岩藻糖（Fuc）、*N*-乙酰神经氨酸（Neu5Ac）。

（9）人奶中的生长因子多达40种，能促进婴儿免疫系统的发育，保证其成年后能抵御有害物质的侵扰，防止消化道功能紊乱；人奶中的牛磺酸含量是牛奶的10倍，牛磺酸可促进脑神经细胞增殖，促进大脑发育；人奶中含有天然吗啡类物质，具有镇静催眠的作用；人奶中较多的铜元素对保护婴儿心血管起积极作用，可降低成年后患冠心病的风险。此外，人奶中还含有多种抗体及免疫球蛋白，可预防婴儿成年后患上糖尿病。用人奶喂养婴儿极少发生过敏反应，且人奶中脂肪酸比例适宜，尤其适合体弱儿和早产儿，不易引起脂肪性的消化不良。

四、烹饪与加工

若母乳较多，可用吸奶器吸出，存至密封性包装袋内，放进冰箱冷冻储存。冷冻的母乳保质期最长为6个月。

母 乳

五、食用注意

禁服患有传染性疾病妇女的乳汁。

用乳汁救活小八路的哑女明德英

明德英出生在山东沂南的一个贫苦家庭，年幼时因病致哑。1941年，日伪军包围了驻扎在村里的八路军山东纵队司令部，一名八路军小战士在突围中身负重伤，明德英发现后，急忙将小战士藏在自己所住的窝棚中。小战士因失血过多晕了过去，眼见小战士嘴唇干裂、奄奄一息，情急之下，正在哺乳期的明德英毅然将自己的乳汁喂进小战士的口中，小战士才渐渐苏醒。

1943年，明德英又从日军的枪林弹雨中救出13岁的八路军小战士庄新民。当时庄新民身体非常虚弱，且伤口化脓，高烧不退，明德英又以自己的奶水喂养他，终于把他从死亡线上救了回来。

1960年，著名作家刘知侠以沂蒙红嫂为题材创作了短篇小说《红嫂》，后被改编成电影，其原型就是哑女明德英。从此，红嫂用乳汁救伤员的故事被广为传颂，家喻户晓。中华人民共和国成立后，她先后把儿子、女儿、孙子等送入部队当兵。

聂荣臻元帅曾亲笔题词，赞誉明德英为“革命的先进妇女光辉形象”。另一上将在探望她时，为她题词“蒙山高，沂水长，好红嫂，永难忘”。

酸奶

牛乳加入乳酸菌，营养保健更宜人。
婴幼便溏腹泻者，慎食乳酸更健身。

——《酸奶谣》（现代）康而寿

一、食材基本特性

英文名，又名

酸奶（Yogurt），又称酸凝乳、酸乳，是在纯奶中接种嗜热乳酸链球菌和保加利亚乳杆菌，通过发酵而制成的乳制品。

形态特征

酸奶可分为凝固型酸奶和搅拌型酸奶，前者在包装容器内完成发酵这一步骤，后者先在发酵罐中完成发酵，冷却后分装。成品酸奶呈乳白色或微黄色半流体状，表面光滑细腻，没有气泡，质地均匀，呈现独特的乳酸发酵风味，无辛辣味。

产 地

公元前3000多年前，生活在土耳其高原的游牧民族便已发明出酸奶。最早的酸奶是偶然产生的，空气中的乳酸菌进入羊奶后，羊奶在乳酸菌作用下变得酸甜可口。牧羊人觉得很美味，便将酸奶接种到煮沸并冷却的鲜牛奶中，通过培养和发酵，得到了新的酸奶。公元前2000多年前，居住在希腊东北部和保加利亚的色雷斯人也掌握了制作酸奶的技术，随后，该技术被古希腊人传入欧洲其他地区。20世纪初，俄罗斯学者伊·缅奇尼科夫在调查和研究保加利亚人长寿现象时，发现保加利亚长寿者有爱喝酸奶的饮食习惯。此外，他分离出发酵酸奶的乳杆菌，并将其命名为“保加利亚乳杆菌”。

100多年前，酸奶开始在我国加工、生产和销售。在清朝时期，外国人在上海的法租界开设了销售瓶装酸奶的商店。1911年，英国商人在上海开办了首家用机器生产酸奶的公司——上海可的公司（光明乳业的前身）开始工业化生产酸奶，其发酵所用菌株是从国外引进的。该公司生产的酸奶深受当时上海人民喜爱，引领了上海的美食潮流。由于时代发展和当时国情的影响，中国的酸奶产业直到20世纪70年代才有了较大的发展。当时的酸奶生产厂家使用酸奶作为发酵剂，将其接种到鲜奶中进行发酵，其生产设备也非常简单。20世纪80年代中期，随着改革开放政策的实行，我国乳品企业的酸奶生产技术有了质的飞跃。直至20世纪90年代中期，含有活性乳酸菌的酸奶才开始流行，成为深受我国消费者喜爱的产品。现在，我国各大城市的酸奶需求量和产量迅速增长，同时逐渐向乡镇和农村市场拓展。

二、营养及成分

经测定，每100克酸奶中部分营养成分见表8所列。

表8 每100克酸奶中部分营养成分

食材名称	蛋白质（克）	脂肪（克）	碳水化合物（克）	维生素 B_2（毫克）	磷（毫克）	钙（毫克）	胆固醇（毫克）
酸奶	2.5	2.7	9.3	0.2	90	140	15

经发酵后的酸奶比鲜奶更容易被人体消化吸收和利用。在发酵时，鲜奶中的一些糖类和蛋白质被分解成小分子物质（如半乳糖和乳酸、小肽链和氨基酸），增加了各种营养素的利用率。原料奶中的脂肪含量在3%～5%，而酸奶中的脂肪酸含量比原料奶提高了两倍。除了保留鲜奶的全部营养外，在发酵过程中，酸奶会产生许多人体所必需的维生素，如维生素 B_1、维生素 B_2、维生素 B_6等。此外，在发酵时，鲜奶中的乳糖会被分解为小分子糖，对于乳糖不耐受症患者来说，喝酸奶不会产生乳糖不耐受症状。鲜奶中钙含量很多，经发酵后，钙等矿物质含量都不会改变，而且发酵后产生的乳酸，可有效提高钙、磷的利用率，所以酸奶中的钙和磷更易被消化吸收。

三、食材功能

性味 味甘、酸，性微寒、无毒。

归经 归心、肺、胃经。

功能

（1）在乳酸菌发酵时产生的胆盐水解酶，能够调节人体内的胆盐代谢，从而下调血液中胆固醇的含量。实验证明，摄入发酵奶可以显著降低血清三酰甘油、胆固醇和低密度脂蛋白含量，进一步证明食用酸奶可以降低血脂水平。长时间摄入嗜酸乳杆菌发酵乳可显著降低高血脂患者血清中胆固醇的水平，进一步降低了患冠心病的风险。

（2）乳酸菌是一种益生菌，进入肠道之后，会提高吞噬细胞的吞噬能力。目前，关于酸奶可调节肠道菌群的主要研究可分为两个方面：短链脂肪酸和肠道益生菌。短链脂肪酸能够调节肠道酸性环境，对肠道微

酸　奶

生态平衡具有保护作用。此外，肠道中的双歧杆菌、乳酸菌等有益菌能够通过其胆盐水解酶活性将结合胆盐降解成游离胆酸，而游离胆酸在肠道酸性环境中不易被吸收，会随粪便排除，从而实现降血脂的作用。同时，胆固醇氧化酶是肠道菌群的代谢产物，它可以加速体内胆固醇的降解，增加胆固醇去路，从而降低人体血脂水平。

（3）给高果糖诱导的糖尿病大鼠喂食接种了嗜酸乳杆菌和干酪乳杆菌的发酵乳，结果发现发酵乳可以延缓大鼠高血糖、高胰岛素血症的发生，可降低糖尿病及其并发症发生的风险。此外，还发现发酵乳可以改善Ⅱ型糖尿病小鼠的高血糖症状。

（4）研究发现，酸奶具有抗氧化和延缓衰老的功效。酸奶中的一些乳蛋白及其水解产物多肽类、部分维生素和酶类有一定的抗氧化能力。

（5）酸奶的营养价值可与鲜奶媲美，此外，它还具有独特的药用功效，如补虚损、益肺肾、生津润肠、治反胃噎嗝、治消渴、治便秘等。酸奶的营养成分丰富，且这些营养物质易被消化吸收和利用，可维持胃肠系统酸碱平衡和胃肠道菌群平衡，减少毒素的积累，预防老年疾病的发生。此外，酸奶还具有一定的保健功能，如治疗神经性厌食症，降低患结肠癌和乳腺癌的风险，而且它还可以提高身体预防疾病的能力，调节肠道免疫系统。

四、烹饪与加工

乳酪蛋糕

（1）材料：酸奶、奶酪、淡奶油、鸡蛋、低筋面粉、玉米淀粉、白砂糖等。

（2）做法：奶酪在室温下软化后，用电动打蛋器打匀，加入酸奶后打匀，加入淡奶油后再打匀，加入蛋黄后再打匀，加入过筛的低筋面粉和玉米淀粉，混合均匀后盖上保鲜膜，置于温度为4℃的冰箱冷藏一段时间待用。把白砂糖分批次加入蛋清中，将蛋清打发成奶油状后，取1/3加入奶酪糊中，搅拌均匀，混合好后倒入模具中，八分满。预热烤箱，将烤箱最下层烤盘盛满凉水，将蛋糕放入烤架的倒数第2层，使用隔水法进行烘烤。在150℃的温度下烘烤70分钟，从烤箱中取出，脱模，冷却4小时以上即可食用。

乳酪蛋糕

黄桃奶昔

黄桃奶昔

（1）材料：酸奶、蜂蜜、黄桃等。

（2）做法：黄桃去皮，切片，用模具压成薄片，把薄片贴放于杯壁上。把剩下的黄桃置于榨汁机中，加入蜂蜜和酸奶，然后启动榨汁机开始榨汁。榨汁后，将浓稠的奶昔倒入杯中，加少量开水，摇晃均匀，然后慢慢倒入杯中，可形成分层。

酸奶生产工艺

（1）灭菌。首先将玻璃瓶等容器放在灭菌器里消毒灭菌30分钟（若使用蒸锅灭菌需45分钟），接种室内应使用紫外线灭菌50分钟，接种工具应在高压蒸汽灭菌器中灭菌30分钟。然后将鲜牛奶装入加热罐中，并添加总体积10%～12%的白砂糖，于85～90℃条件下灭菌30分钟，也可采用其他方法灭菌。不管使用哪种加热方法，都要以不破坏牛奶原有营养物质为佳，灭菌后降温冷却。在灭菌前或灭菌过程中最好除去牛奶上层油脂。

（2）接种发酵剂。将43℃以下的灭菌牛奶分装在无菌玻璃瓶内，以2%～4%的接种量，在接种室内接种后均匀混合，迅速封盖，确保乳酸发酵的厌氧条件，灌装时应注意瓶口不留空隙。在43℃以下的温水中浸泡8～10小时，置于0～5℃的冰箱中冷藏，即可上市销售。一方面，冷藏可以避免酸味的增强和微生物的污染；另一方面，冷藏可以使酸奶凝乳更结实，乳清可以被回收，从而大大增强酸奶质量的稳定性。在整个加工过程中，需注意的是全程无菌操作。

酸　奶

五、食用注意

（1）牛奶过敏患者应避免摄入酸牛奶。

（2）酸奶加热后，其含有的大部分活性乳酸菌会因不耐高温而失活。高温加热不但会导致酸奶营养价值降低，而且酸奶的物理性质也会变化，形成沉淀，丧失其独特的口感，因此酸奶应避免加热饮用。

关于青海酸奶的悠久传说

在青海，酸奶有着悠久的历史，早在唐朝文成公主经过青海湖畔的日月山、倒淌河等地进藏的民间故事中就有关于酸奶的记述。

相传当年文成公主辞别父母，离开长安以后，跋山涉水，历尽艰辛来到位于川西北高原广袤的哈拉玛草原。由于长途艰辛跋涉，再加之离乡别情，文成公主不幸身染重疾，卧帐不起。正当随行的吐蕃大臣们不知所措时，文成公主身边的两位侍女——卓玛和娜姆梦见大慈大悲的观世音菩萨派格桑花仙子传谕：“要想尽快治好公主的病，就要采集哈拉玛草原上百头藏家牦牛之奶及用牦牛奶制成的酥油等制品，敬献于公主服用，方可使公主化险为夷。”

次日凌晨，随行的吐蕃大臣就组织部下深入草原上的各个部落收集牦牛奶，与此同时，还邀请高僧为文成公主弘法祈福。高僧带领99名佛教弟子为公主祈福祷告，当高僧睁开眼睛的时候，发现盛于钵中的牦牛奶凝结成了固体，明亮细滑，并散发阵阵奶香，沁人心脾，食之酸滑，奶香四溢，于是赐名为“雪”，即今天的酸奶。高僧高举着这神圣之物来到文成公主面前请她食用，公主连食几日后变得神采奕奕，身体也很快痊愈了。

奶酪

牛羊散漫落日下，野草生香乳酪甜。
卷地朔风沙似雪，家家行帐下毡帘。

——《上京即事》（元）萨都剌

一、食材基本特性

英文名，又名

奶酪（Cheese），又称酪、干酪、乳酪、酸奶酪，是以牛、马、羊、骆驼等哺乳纲动物分泌的乳汁为原料，通过多次提炼制作而成的发酵奶制品。

形态特征

奶酪品种繁多、款式各异、大小不一，颜色、香味、口感也各不相同。新鲜奶酪质感软而嫩滑，其鲜美质感可以与豆腐相比拟。硬质奶酪味道浓郁，口感厚实，也是最常见的奶酪之一。

产 地

在我国，奶酪是蒙古族、哈萨克族和其他西北游牧民族经常食用的传统食品，在内蒙古被称为奶豆腐，在新疆通常被称为乳饼。完全干燥的奶酪也被称为奶疙瘩。世界上有1000多种奶酪，法国约有500种，意大利约有300种。荷兰的奶酪生产量和出口量在世界上名列前茅。

我国奶酪的食用历史较早，但主要集中在少数民族地区，且奶酪品种较为单一。随着人们生活水平的提高，奶酪的销售量在我国的消费市场日渐增大，奶酪的加工生产标准和品质要求也逐步提升，研制出风味良好的奶酪产品对于奶酪的工业化发展具有重要意义。

二、营养及成分

奶酪的特性与普通酸奶较为相似，它们的制作过程都离不开发酵这一步骤，其成品均含有乳酸菌，不同之处在于奶酪是固体食物，因此它的浓度高于酸奶，营养价值也更高。每10千克牛奶经浓缩后可制得1千克奶酪产品，从制作工艺角度来说，奶酪就是发酵的牛奶；从营养价值角度来说，奶酪是浓缩的牛奶。

经测定，每100克奶酪中主要营养成分见表9所列。

表9　每100克奶酪中主要营养成分

食材名称	蛋白质（克）	脂肪（克）	碳水化合物（克）	维生素A（毫克）	维生素B_2(毫克)	维生素B_{12}（毫克）	维生素E（毫克）	钾（毫克）	钙（毫克）
奶酪	25.7	23.5	3.5	0.2	0.9	1	0.6	75	799

奶酪是高蛋白质、高脂肪、高钙的健康食品，每100克奶酪中钙的含量可达成年人每日摄取量的26%。此外，奶酪还是钾、维生素B_2、维生素B_{12}等物质的重要来源之一。

干　酪

三、食材功能

性味 味甘、酸，性平。

归经 归胃、肺、心、大肠、小肠经。

功能

（1）益肺，滋阴，润肠胃，止渴。对虚热烦渴、肠燥便艰、肌肤枯涩、隐疹瘙痒等症有食疗助康复之效。

（2）因为1千克奶酪制品是由10千克原料奶浓缩制成的，所以其中蛋白质、钙和磷等人体所需营养素的含量极为丰富。奶制品是钙的优质食物来源，奶酪是奶制品中钙含量最高的食品，且奶酪中的钙易于被人体吸收利用。就钙含量而言，40克奶酪相当于250毫升鲜奶或200毫升酸奶。研究发现，摄入硬质奶酪可以增加大鼠骨钙、骨密度和骨灰重含量，并能很好地保持骨的正常形态、结构和代谢平衡，对视黄酸诱导的大鼠骨质疏松症具有防治作用。此外，研究者认为，硬质奶酪能有效地提高人体对钙的摄入量，在一定程度上有利于防治骨质疏松，是日常饮食中补钙的良好选择，是一种值得开发和推广的补钙食品。

（3）医学专家认为，食用奶酪有助于预防龋齿的发生，这是因为奶酪不仅可以平衡口腔的酸碱度，抑制细菌生长，还能显著提高牙齿表层的含钙量。

（4）奶酪独特的发酵工艺，使其营养的吸收率可高达98%。奶酪能促进人体新陈代谢，提高人体抵御疾病的能力，增强细胞活力，可保护眼睛并改善肤质。奶酪中的乳酸菌及其代谢产物有利于维持人体肠道内正常菌群的平衡和稳定，可预防便秘和腹泻，对人体有一定的保健作用。奶酪中的胆固醇含量较低，对心血管健康也有益处。

生奶酪

生奶酪

将鲜奶倒进桶里，通过不停搅拌提取奶油，然后把鲜奶放于温度较高的地方，静置发酵。待鲜奶产生酸味后，倒进锅里熬煮，当形成豆腐状后，用白纱布过滤，挤去水分。然后，将奶渣置于模具里，挤压，用刀将其切成块状，即得生奶酪成品。

熟奶酪

先将熬煮奶皮剩余的鲜奶或提取奶油后的鲜奶取出，静置数日，让鲜奶发酵。发酵为酸奶并凝结成块时，用纱布滤出多余的水分，而后放进锅里慢慢熬煮并不断搅拌。酸奶变成糊状后，用纱布过滤，挤去水分。最后，把奶渣置于模具或木托盘里挤压，用刀子把它切成方块。奶酪制作完成后，应置于阳光下或通风处，让它变得坚硬且干燥。

奶酪加工原料要使用63℃低温杀菌奶，高温杀菌奶不能作为原料奶使用。在奶酪生产过程中，有害微生物会导致有害霉菌斑的滋生（添加霉菌的奶酪不包括在内），被微生物污染的奶酪是不能食用的，因此生产奶酪的设备、工具必须完全消毒。生产过程中需重视温度控制，因为奶酪生产所必需的乳酸菌都有相应的最适宜生长温度，如奶酪中的嗜热链球菌是一种高温发酵菌株，如果原料奶加热温度低于发酵温度，则会导致乳酸菌产酸不足。相反，如果原料奶加热温度太高，则会延长原料奶凝固的时间，并产生不良的蒸煮味，对奶酪风味造成影响。

熟奶酪

五、食用注意

奶制品过敏患者应避免食用奶酪。

牦牛奶酪和公益教育

牦牛鲜奶被誉为“奶中之王”。母牦牛生活在海拔3500米以上的牧场，虽日产鲜奶不到2千克，仅是普通奶牛产量的1/10，但奶汁浓稠。能养出健壮的牛犊，就足以说明牦牛奶营养成分的优势。藏族人有种说法，牦牛喝的是富含矿物质的雪山融水，吃的是掺有冬虫夏草的天然草料。牦牛奶富含蛋白质，因此是生产干酪等发酵乳制品的最佳乳源，但牦牛奶酪非常稀少。

世界上最大的牦牛奶酪生产企业就在青海果洛。这家企业的创办，缘起于一位普通僧人吉美坚赞的慈悲智慧和他一直坚守的公益教育梦想。

1990年，吉美坚赞放弃了在北京高级佛学院任教的机会，毅然回到家乡青海果洛，走上了发展教育之路。这条道路虽充满了艰辛与坎坷，但他义无反顾，四处奔波，希望将求学生涯中获取的知识以及获得知识的快乐，传递给每个牧区的孩子。

1993年，吉美坚赞用他仅有的3000元存款、家里牛羊做抵押得到的5万元贷款和亲朋好友的8万元借款，作为启动资金筹备办学。1994年8月，经当地政府批准，成立了吉美坚赞福利学校，这是青海省第一所民办福利学校，招生优先考虑当地孤儿、贫困生、智障儿童和超龄生。社会各界人士被吉美坚赞持之以恒的精神所感召，来自四面八方的慈善人士、基金会、志愿者纷纷各尽所能，为他的公益事业添砖加瓦。

吉美坚赞认为，做公益不是短期项目，只有可持续性发展才能让公益事业走得更远。怎样更好地为学生提供便利的教学条件？怎样解决学校教育经费年复一年的筹措问题？怎样保证学校的稳定发展？他一直在思索，最终大胆地决定成立校办工厂，探索以厂养校、以商养学的出路。

通过对国际国内市场环境以及本地资源优势的详细分析，吉美坚赞决定利用青藏高原特有的牦牛奶，研发具有自主知识产权的硬质奶酪。在社会人士和机构的支持下，吉美坚赞于2000年10月成立公司，从美国、尼泊尔、意大利、瑞士等地聘请了多位奶酪专家，结合藏族传统奶酪制作工艺，制作出了世界上独一无二的硬质牦牛奶酪。

经过多年的辛勤付出，吉美坚赞以厂养校的梦想终于实现了，如今他的公益事业正蓬勃发展。

鸡蛋

红染桃花雪压梨，玲珑鸡子斗赢时。
今年不是明寒食，暗地秋千别有期。

——《寒食夜》（唐）元稹

一、食材基本特性

英文名，又名

鸡蛋（Egg），又称鸡子、鸡卵，是鸟纲雉科动物母鸡所产的卵。

形态特征

鸡蛋多为椭圆形，一头略尖，一头略钝，有一层坚硬的外壳，内侧有气室、卵白及卵黄部分。鸡蛋按照蛋壳的颜色分类，可以分为红壳鸡蛋、白壳鸡蛋和绿壳鸡蛋等；按照所含营养附加值进行分类，可以分为富硒鸡蛋、富锌鸡蛋、高钙鸡蛋等。

产地

联合国粮食及农业组织统计数据显示，自1985年以来，我国的鸡蛋产量一直稳居世界首位，全国各地均有鸡蛋产出，但主要集中在华北、华东和东北等粮食主产区。目前，我国鸡蛋产量排名前六的省份分别是山东、河南、河北、辽宁、江苏、湖北。

目前，国内有五大鸡蛋消费市场：第一大市场由天津、北京、辽宁和上海组成，年人均消费量为11~16千克；第二大市场由山东、黑龙江、江苏、安徽和河北组成，年人均消费量为7~11千克；第三大市场由吉林、山西、福建、广东、浙江、河南、重庆组成，年人均消费量为5~7千克；第四大市场由湖北、内蒙古、陕西、四川、江西、青海、宁夏、新疆、湖南、云南、广西、甘肃、海南及贵州组成，年人均消费量为2~5千克；第五大市场为西藏，年人均消费量仅为1.4千克左右。

二、营养及成分

经测定，每100克鸡蛋及干蛋产品中主要营养成分见表10所列。

表10　每100克鸡蛋及干蛋产品中主要营养成分

食材名称	蛋白质（克）	脂肪（克）	碳水化合物（克）	维生素A（毫克）	维生素B_2（毫克）	维生素B_3（毫克）	钙（毫克）	铁（毫克）	磷（毫克）	硒（毫克）	胆固醇（毫克）	水（克）
鸡蛋	14.7	11.6	1.6	0.2	0.3	0.2	55	2.7	210	20.3	680	71
鸡蛋清	11.6	0.1	1.3	—	0.3	0.2	9	1.6	18	7	—	84
鸡蛋黄	13.6	30	1.3	3.5	0.3	0.1	112	6.5	240	27	1705	53.5
鸡蛋粉（全蛋粉）	42.2	34.5	13.5	4.9	0.4	0.2	186	1.6	710	30.8	2302	1.9
鸡蛋黄粉	31.7	53	8.8	2.5	1.1	0.2	340	2.7	1200	35.9	2733	3

鸡蛋营养价值很高，富含蛋白质、胆固醇及各种维生素。此外，鸡蛋中的氨基酸比例非常符合人体生理需求，易被吸收，利用率可达98%。因此，作为一种廉价、优质的蛋白质来源，鸡蛋已成为我国城乡居民饮食结构中的重要组成部分。鸡蛋所含的蛋白质是蛋壳下皮内半流动的胶状物质，其体积占鸡蛋全蛋体积的57%～58.5%。作为鸡蛋中的一种重要蛋白质，卵白蛋白含量为鸡蛋总蛋白的12%左右。卵黄蛋白是鸡蛋的另一种重要蛋白质，也是鸡蛋蛋黄的主要组成物质。鸡蛋中的脂肪多为卵磷脂。

三、食材功能

性味 味甘，性平。

归经 归脾、肾、胃、大肠经。

功能

（1）鸡蛋几乎含有人体必需的所有营养物质，常食鸡蛋能补充骨骼发育所需的蛋白质、维生素和矿物质，从而有效预防儿童因营养不良引起的发育迟缓。

(2) 研究表明，鸡蛋富含胆碱和叶黄素，胆碱在大脑发育和增强记忆力方面具有重要作用，如果人体缺乏胆碱，患阿尔茨海默病的风险就比较高。叶黄素是一种具有维生素A活性的类胡萝卜素，是存在于人眼视网膜黄斑区的主要色素。因此，食用鸡蛋有助于预防各种眼疾。

(3) 胆碱在高半胱氨酸的分解中起到重要作用，而高半胱氨酸往往与心脏病发病风险的升高紧密相关，因此胆碱除可以防治阿尔茨海默病外，还可以预防心脏病。与此同时，鸡蛋富含维生素B_{12}，而维生素B_{12}对维持机体正常的免疫功能非常重要，也有助于预防心脏病。

(4) 蛋清和蛋黄中含有很多蛋白质，如卵清蛋白、卵黄高磷蛋白和卵磷脂，以及一些微量元素，如维生素A、维生素E、硒和类胡萝卜素等，都具有抗氧化性能。

(5) 鸡蛋中富含各种活性肽，这些肽是鸡蛋源蛋白质在适宜的条件下被酶解而生成的具有重要生物活性的肽。根据这些活性肽不同的生理功能，可将其分为抗氧化活性肽、降血压肽、抗凝血肽、抑菌肽、改善记忆肽、高F值寡肽等。与蛋清或蛋黄的水解液相比，这些活性肽在疾病的预防和治疗上有显著的功效，并且安全性高。

四、烹饪与加工

将鸡蛋在0℃环境中保存1个月，鸡蛋中维生素A、维生素B_1、维生素D等营养物质的含量无变化，但维生素B_2、维生素B_3和叶酸的含量分别有14%、17%和16%的损失。此外，采用煎和烤的方法制作的鸡蛋，其维生素B_1、维生素B_2的损失率分别为15%和20%，叶酸损失最大，可达65%。然而，采用煮的方法几乎不会引起鸡蛋所含维生素的损失。

蒸鸡蛋

（1）材料：鸡蛋、盐、白砂糖、牛奶等。

（2）做法：首先取鸡蛋在碗中打散，然后将其拌匀（喜欢吃咸味的可以在这个时候加入少量盐；同样，如果喜欢吃甜味的，则可以加入少量白砂糖，也可以加入一定量的牛奶，拌匀），然后往碗里加入体积两倍于鸡蛋的温水，将水和鸡蛋搅拌均匀。将碗隔水蒸煮10～15分钟，直到鸡蛋羹表面平滑且有香气飘出，最后淋上配料即可食用。

蒸鸡蛋

鸡蛋干

在加工鲜鸡蛋过程中会产生很多破损蛋，为充分利用这些破损蛋，人们研发了新型鸡蛋干。传统鸡蛋干是以全蛋液或蛋清、蛋粉为主要原料，将鸡蛋全蛋浓缩加工而成的。新型鸡蛋干将其与现代工艺结合，生产了一种外观和色泽与传统豆腐干食品相似、口感细腻、具有鸡蛋香味且营养价值高的产品。其主要工艺步骤可以概括为：原料预处理→蒸煮与剥壳→分离→混合成型→切丁→油炸→卤制→烘干→拌料→冷却→

包装→杀菌。新型鸡蛋干通过油炸的方式，让鸡蛋产生多孔的组织结构，与传统的鸡蛋干相比，新型鸡蛋干更加容易入味且口感更细腻，对某些追求口味的消费者来说具有一定的吸引力。

鸡蛋干

五、食用注意

（1）生鸡蛋蛋白含有一些抗生物素蛋白，这些蛋白会影响人体对食物中生物素的吸收，使人出现食欲不振、全身无力、肌肉疼痛、皮肤发炎、脱眉等症状。生鸡蛋还含有抗胰蛋白酶，它可以影响人体对鸡蛋蛋白质的消化和吸收。此外，生鸡蛋会带有各种细菌，人们食用后容易引起腹泻。因此，建议鸡蛋经高温蒸煮或煎炸后再食用，尽量避免食用生鸡蛋。

（2）《中国成人血脂异常防治指南（2016年修订版）》中建议血脂异常者每天的胆固醇摄入量不要超过300毫克（1个鸡蛋黄约含胆固醇280毫克），因此，已经患高脂血症的人必须注意控制鸡蛋摄入量，每天食用1个为最佳，不宜多吃。在以健康饮食模式为前提时，每天食用1个鸡蛋不会增加患心脏病的风险。

(3) 市售鸡蛋的蛋壳多为红、白两色，这与一种叫“卟啉”的物质以及鸡的品种有关，而与鸡蛋的营养价值无关。有检测数据表明，红皮鸡蛋和白皮鸡蛋在营养成分方面不分伯仲。因此，消费者在选购鸡蛋时，无须在意蛋壳是红皮还是白皮的。

(4) 低温贮藏能有效保持鸡蛋的优良品质。研究表明，因贮藏方式的不同，鸡蛋贮存至第14天时，品质会出现显著差异。

结婚生子分喜蛋习俗的传说

我国江南一些地区有一种习俗，即谁家要娶亲，都要准备红鸡蛋。这里还有一个十分有趣的传说。

传说当年刘备与孙权联合大破曹操于赤壁后，刘备不愿归还从孙权那里借来的荆州，双方产生了不快。其时，恰巧刘备没了甘夫人，周瑜想到孙权的妹妹孙尚香尚待字闺中，就设下招亲刘备的计策，想用假招亲真扣留的办法，拿刘备当人质，换回荆州。

岂料周瑜的妙计早被诸葛亮识破，刘备也知是计，因此犹豫不决，不敢应允。诸葛亮却胸有成竹，打下包票，既能让刘备当上新郎，也不会丢了荆州，当然更是会把周瑜气得不轻。原来诸葛亮早已备好了几条锦囊妙计，这其中的一条就是“红喜蛋计”。

诸葛亮让刘备去东吴时带上大量染红的鸡蛋，一到东吴，不管宫廷内外，也不论高低贵贱，逢人就分，并说自己要招亲了，娶的是他们国主的妹妹，分红喜蛋则是皇室的礼仪，刘备一切照办。东吴人听说分红喜蛋是皇室的礼仪，纷纷去讨要喜蛋，想沾沾喜气。

结婚要分喜蛋和刘备要招亲的消息就像长了翅膀一样在大街小巷纷纷传开。一时间，家家户户都知道刘备要与孙尚香成亲的事。眼看着生米要煮成熟饭，孙权只能强忍怒气承认，周瑜可是气不打一处来，“既生瑜，何生亮”地感叹了一番。只有刘备得了个文武双全的好夫人，得意扬扬地转回荆州去了，这就是东吴“赔了夫人又折兵”的故事。

从此，分红喜蛋的风俗就在江南传开了，结婚的人家分，旁观的人也可以要，都是图个吉利，祝福新婚人家红红火火、喜气洋洋。

不过，也有在刚生了孩子的时候分红喜蛋的，尤其在北方更是流行。谁家生了孩子，左邻右舍都会提着鸡蛋去看望产妇，前往祝贺。生了孩子的人家也通常要煮许多鸡蛋并染成红色送给他们，表示同喜同贺。

野鸡蛋

雄雉曳修尾，惊飞向日斜。
空中纷格斗，彩羽落如花。
喧呼勇不顾，投网谁复嗟。
百钱得一双，新味时所佳。
烹煎杂鸡鹜，爪距漫槎牙。
谁知化为蜃，海上落飞鸦。

——《食雉》（北宋）苏轼

一、食材基本特性

英文名，又名

野鸡蛋（Wild egg），又称华虫蛋、山鸡蛋、雉鸡蛋，为鸟纲雉科动物雉鸡下的蛋。

形态特征

野鸡蛋外部有一层硬壳，其颜色多为褐色、浅褐色、灰色、蓝色和白色，内部由气室、卵白及卵黄组成。野鸡蛋纵径平均4.4厘米，横径平均3.4厘米，蛋形指数1.3左右。挑选野鸡蛋时，以外壳有光泽、蛋黄不散、蛋白黏稠者为佳。野鸡蛋与普通鸡蛋的外形差别主要有三个方面：野鸡蛋一般比较小，而普通鸡蛋较大；因为野鸡不是标准化喂养，所以野鸡蛋的大小不均匀，而普通鸡蛋的大小比较均匀；又因为野鸡蛋未经统一清洗，所以其清洁度与普通鸡蛋相比要差一些；两种鸡蛋的蛋黄颜色不同，野鸡蛋的蛋黄颜色更黄，蛋清更加黏稠。

产 地

野鸡在全国皆有野生状态的分布，但市售野鸡蛋多为人工饲养所得。

二、营养及成分

野鸡蛋富含各种优质蛋白、脂肪、维生素和各种矿物质等。研究表明，每枚野鸡蛋的蛋白质含量大致相当于75克鱼或瘦肉的蛋白质含量。此外，野鸡蛋蛋白质的消化率与牛奶、猪肉、牛肉和大米相比也比较高。

野鸡蛋含有各种人体必需的氨基酸，其中蛋氨酸含量丰富，而谷类和豆类都缺乏这种氨基酸。因此，将野鸡蛋与谷类或豆类食品混合食用，能提高后两者的生物利用率。

野鸡蛋中的胆固醇含量比普通鸡蛋低，并且富含脑磷脂、卵磷脂等营养物质。

经测定，每100克野鸡蛋中部分营养成分见表11所列。

表11　每100克野鸡蛋中部分营养成分

食材名称	蛋白质（克）	脂肪（克）	碳水化合物（克）	维生素A（毫克）	维生素B_2（毫克）	维生素B_1（毫克）	钙（毫克）	铁（毫克）	磷（毫克）	硒（毫克）	胆固醇（毫克）	卵磷脂（克）	蛋氨酸（克）
野鸡蛋	11.7	7.7	1.4	0.4	0.4	0.1	51	1.8	198	7.2	469	11.7	1.7

三、食材功能

性味 味甘，性温。

归经 归胃、心经。

功能

（1）野鸡蛋，利胃宜脾，久病体虚、气血不足、下痢、消渴、小便频繁等症患者食之有益。

（2）野鸡蛋富含常量元素钙和微量元素锌、铁、碘、硒等，以及维生素、氨基酸、卵磷脂等。因此，食用野鸡蛋能平衡人体营养，特别对孕妇、老年人及发育中的儿童效果最佳。

（3）野鸡蛋含有丰富的优质蛋白质，对肝脏组织损伤有修复作用。

（4）野鸡蛋富含二十二碳六烯酸（DHA）、卵磷脂和卵黄素。这些物质对神经系统和身体发育有利，能健脑

野　鸡

益智、改善记忆力、促进肝细胞再生。

（5）野鸡蛋中谷氨酸的含量比较高，这也是其与普通鸡蛋相比味道更加鲜美的原因。

四、烹饪与加工

野鸡蛋吃法多种多样，就消化率来讲，煮蛋为100%，嫩炸为98%，炒蛋为97%，油炸为81.1%。由此判断，煮食野鸡蛋是最佳食法，但是需要注意在食用过程中尽量细嚼慢咽，否则会影响野鸡蛋的消化和吸收。此外，对儿童来说，制成蒸蛋羹、蛋花汤等形式更为适合，因为这两种做法能使蛋白质松解，使其更易被儿童消化并吸收。一些常见的野鸡蛋烹饪方法如下。

煎野鸡蛋

（1）材料：野鸡蛋、食用油、酱油等。

（2）做法：将野鸡蛋打入碗中，烧热锅，放入半碗食用油，待食用油略热放入野鸡蛋，以中火煎；依个人喜好，可以煎至单面金黄或双面金黄，盛起隔油，放入碟中，最后洒些酱油即可。

煎野鸡蛋

水煮蛋

（1）材料：野鸡蛋、盐、醋等。

（2）做法：取适量盐放入水中，开大火，待水沸腾后，将野鸡蛋放入水中煮。如果野鸡蛋蛋壳开裂，可以在水煮过程中加些醋，醋可以使蛋白凝固防止流出。待野鸡蛋煮好之后，马上放入冰水中，利于剥去蛋壳。

荷包蛋

（1）材料：野鸡蛋、盐、醋等。

（2）做法：取适量盐加入水中煮沸，添加适量醋。水开后改用小火，将蛋液打入水中，当蛋液自然成形后捞起放入冰水，然后把蛋液的周围修理整齐，再放入水中煮3分钟捞起即可。

野鸡蛋干加工流程

鲜蛋验收→洗蛋→打蛋→拌料→灌装→蒸煮→出锅→脱模→卤制→真空包装→杀菌→装箱→入库。

野鸡蛋干的加工方式与鸡蛋类似，但由于受价格与产量的影响，其现代化加工产品较少。目前我国野鸡蛋的主要消费方式是壳蛋直接上市，小部分经卤制灌装加工成卤鸡蛋、鸡蛋干等简单的蛋制品。

五、食用注意

虽然野鸡蛋营养丰富，但是某些人群需注意摄入量。

（1）冠心病患者：野鸡蛋的胆固醇含量较高，特别是其蛋黄部分，而摄入较多的胆固醇容易引发动脉硬化或血脂代谢异常，所以不建议冠心病患者过多食用野鸡蛋。

（2）肾功能障碍患者：野鸡蛋中富含各种蛋白质，当人体无法有效地代谢高蛋白时，这些蛋白会堆积在体内，导致尿素氮指数升高，出现氮质血症，严重的甚至会引发尿毒症。

（3）蛋白质过敏人群：野鸡蛋的蛋白质含量很高，蛋白质过敏人群摄入野鸡蛋会出现皮肤红肿、起丘疹或腹泻等症状。

（4）胆囊炎患者：野鸡蛋中蛋黄部分有较高含量的胆固醇，而机体需要通过胆囊产生的胆汁对胆固醇进行代谢，胆汁的加倍分泌，容易导致胆汁淤积，加重胆囊炎的病情。

山鸡起舞

山鸡天生丽质，长着美丽的羽毛，在阳光的照耀下光彩动人。山鸡也为自己拥有这一身华羽而自豪。它只要走到河水边，瞧见水中自己的倩影，就会翩翩起舞，一边跳舞，一边欣赏着水中自己曼妙的舞姿。

曹操当政的时候，有人曾献给他一只山鸡。曹操十分开心，召来了全国有名气的乐工奏响动听的曲子，好让山鸡随着曲子跳舞。乐工卖力地吹吹打打，但山鸡毫无反应，呆滞地站在原地一动不动。曹操的下属又拿来食物引诱山鸡，但山鸡还是无精打采地耷拉着脑袋。为了让山鸡跳舞，大家想尽了办法，使尽了手段，但都无济于事。

曹操气恼不已，怒声骂道："这么多人连一只山鸡都对付不了，还怎么做大事啊！"

曹操有个十分钟爱的儿子，叫曹冲。曹冲聪明伶俐，知识渊博。当时，曹冲也在场，他想了想，有了主意，便上前对曹操说："父王，儿臣听说山鸡为自己的羽毛而感到骄傲，它一见到水中自己的倒影就会跳舞。我们为什么不在山鸡面前放一面镜子呢？当山鸡对镜中的自己顾影自怜时，就会翩翩起舞。"

曹操听了，拍手称妙，马上叫人把宫中最大的镜子抬过来。

镜子一放在山鸡面前，山鸡便飞快地走向镜子，看着镜子里美丽的自己陶醉了。它先拍拍翅膀，冲着镜子里的自己激动不已地鸣叫着，然后扭动身体，舒展地迈开了步子，翩跹地跳起了舞蹈。

山鸡沉醉在舞姿中不停地飞转着，曹操和在场的所有人都看呆了，赞叹不已，忘了把镜子抬走。

山鸡看着自己轻缓曼妙的舞姿，不知疲倦地又唱又跳。最后，山鸡耗尽了所有的力气，倒在地上死了。

山鸡确实很美丽，但终因虚荣心太强，以致受人愚弄，丢了性命。

鸭蛋

竹外桃花三两枝，春江水暖鸭先知。
蒌蒿满地芦芽短，正是河豚欲上时。

——《惠崇春江晚景》（北宋）苏轼

一、食材基本特性

英文名，又名

鸭蛋（Duck’s egg），又称鸭子、鸭卵、太平、鸭春、青皮等，是鸟纲鸭科动物家鸭所产的卵。

形态特征

鸭蛋由蛋壳、壳膜、气室、蛋白、蛋黄、系带、胚珠和胚盘等部分组成。选择鸭蛋时，最好挑选个大、外壳淡蓝色、有光泽的鸭蛋。

产 地

江苏省高邮市鸭子产蛋量多、个头大、蛋黄比例高，尤以善产双黄蛋而驰名中外。此外，我国其他地方所产的鸭蛋也各具特色。如山东省临沂市沂南县辛集地区所产的鸭蛋，远近闻名；河南省平顶山市叶县洪庄杨乡湛河董村的湛河鸭蛋，相传在清朝时曾被作为贡品年年上贡；安徽省蚌埠市五河县沱湖红心鸭蛋，沱湖地区水质优良，水产丰饶，素有水乡之称，生长于该地区的鸭子以湖里的小鱼小虾为食，所产鸭蛋壳脆、蛋黄大、油足、心红，营养丰富；吉林省白城市大安市的月亮湖笨鸭蛋，具有蛋体大、蛋白清、蛋黄红等特点，是不可多得的绿色食品；桓台金丝鸭蛋，是山东省淄博市桓台县的特产，该鸭蛋久负盛名，由于该地区的鸭子平常以湖中的螺蛳、水草为食，因此其所产鸭蛋品质良好，独具特色。

二、营养及成分

经测定，每100克鸭蛋、鸭蛋清和鸭蛋黄中主要营养成分见表12所列。

表12　每100克鸭蛋、鸭蛋清和鸭蛋黄中主要营养成分

食材名称	蛋白质（克）	脂肪（克）	碳水化合物（克）	维生素A（毫克）	维生素B_2（毫克）	维生素B_3（毫克）	钙（毫克）	铁（毫克）	磷（毫克）	硒（毫克）	胆固醇（毫克）	水（克）
鸭蛋	8.7	9.8	10.3	0.2	0.4	0.2	71	3.2	210	50.1	634	70
鸭蛋清	9.9	—	1.8	—	0.1	0.1	18	0.1	61	4	—	87.7
鸭蛋黄	14.5	33.8	4	0.1	0.6	—	128	4.9	128	25	185	44.9

鸭蛋含有丰富的蛋白质、磷脂、维生素A、维生素B_2、维生素B_3、钙、钾、铁、磷等营养物质。其中维生素B_2含量丰富，因此可将鸭蛋作为补充B族维生素的理想食品。

鸭蛋的蛋黄含有丰富的蛋黄卵磷脂，其中含有磷脂酰胆碱（PC），因此，蛋黄卵磷脂除具有磷脂的一般生理活性外，还具有与磷脂酰胆碱有关的一些生理活性，特别是在脂质代谢方面，具有重要的生理活性作用。此外，蛋黄卵磷脂还可作为胆碱、花生四烯酸及二十二碳六烯酸（DHA）等多不饱和脂肪酸的供应源。蛋黄卵磷脂还含有脂溶性维生素和维生素前体，如维生素A、维生素E以及胆固醇。

三、食材功能

性味 味甘，性凉。

归经 归肺、心、肾经。

功能

（1）《医林纂要》记载：补心清肺，止热嗽，治喉痛。百沸汤冲食，清肺火，解阳明结热。

（2）鸭蛋因其性偏凉，故可滋养阴气，清体内热结，有大补虚劳、滋阴养血、润肺美肤的功效。熟食补益最佳，对咳嗽、膈热、喉病、齿痛、泻痢等疾病有益。

（3）研究发现，鸭蛋黄中含有一定量的单不饱和脂肪酸和多不饱和脂肪酸。红心鸭蛋作为一种新型的预防心脑血管疾病的功能食品，有着广阔的发展前景。

（4）鲜鸭蛋中含量丰富的维生素A前体物质——类胡萝卜素，而这也是鸡蛋中极其匮乏的一种天然抗氧化剂，其可以良好地清除体内自由基，具有显著的益肝、明目作用。

（5）鸭蛋中的矿物质总量高，能起到有效预防贫血、促进骨骼发育的功效。

（6）鲜鸭蛋的卵黄中的脂蛋白对哺乳动物的肝细胞生长具有促进作用。另外，鲜鸭蛋中维生素E的含量比鸡蛋高。维生素E具有良好的抗氧化作用，以及延缓血管衰老和补肾的功效，因此，适量食用鲜鸭蛋，也具有补肾、保护血管及延缓衰老的功效。

（7）鲜鸭蛋还具有良好的补益肝肾功效，可以维系肝脏解毒及肾脏排毒功能，对糖尿病及其肝肾功能衰竭的严重并发症起到主动预防及辅助食疗的作用。

（8）鸭蛋是极佳的补钙食品，长期食用鸭蛋可以有效改善人们日常膳食中钙摄入量偏少的现象，以遏制骨质疏松症的发生。

四、烹饪与加工

冰糖鸭蛋羹

（1）材料：鸭蛋、冰糖等。

（2）做法：将冰糖捣碎，放入碗中，加沸水融化，待冷却后打入鸭蛋，调匀，上笼用武火蒸15~20分钟即可，趁温服食。

（3）功效：用于肺阴不足，肺气上逆，痉咳阵作，咳声无力等症。

鸭蛋银耳汤

（1）材料：鸭蛋、银耳、冰糖等。

（2）做法：将银耳洗净，放入锅内，加水适量，先以武火煮沸，再用文火煨炖至银耳汤水变浓，然后将鸭蛋与冰糖一并放入银耳汤中，煮熟即可。饮汤，食银耳、鸭蛋。

（3）功效：用于肺阴亏虚，干咳少痰，口燥咽干等症。

鸭蛋银耳汤

鸭蛋青葱汤

（1）材料：鸭蛋、青葱（连白）、白砂糖等。

（2）做法：将鸭蛋与青葱加水同煮，再加白砂糖调和。

（3）功效：可消炎止痛，对慢性咽炎有辅助疗效。

咸鸭蛋

现代对鸭蛋的主要加工方式是制作咸鸭蛋。咸鸭蛋的加工方法很多，主要有草灰法、盐泥涂布法和浸泡法等。

（1）草灰法。草灰法又分为提浆裹灰法和灰料包蛋法两种。

① 提浆裹灰法。我国的出口咸蛋中绝大多数是采用这种方法加工而成的，其工艺过程为：配料打浆→原料蛋挑选→提浆裹灰→捏灰→包装→腌制→成品。用此法腌制的咸蛋，夏季需20～30天，春秋季需40～50天。

咸鸭蛋

② 灰料包蛋法。将盐用清水溶解后，加入稻草灰，充分搅拌使灰料成团块；将选好的蛋洗净晾干后，即可用灰料均匀地逐个包裹，然后放入缸内，夏季约15天、春秋季约30天、冬季30~40天即可食用。

（2）盐泥涂布法。盐泥涂布法是用盐和黄泥加水调成泥浆，然后涂布、包裹鲜蛋来腌制咸蛋。配方为1000枚鸭蛋，食盐6~7.5千克，干黄土6.5千克，清水4~4.5千克。做法是将盐放在容器内，加水使其溶解，再加入搅碎的干黄土，待黄土充分吸水后调成糊状泥料，然后将挑选好的鸭蛋放于调好的泥浆中，使蛋壳上全部黏满盐泥，入缸或装箱。夏季需25~30天，春秋季30~40天即可。用黄泥作辅料的咸蛋一般咸味较重，蛋黄松沙、油珠较多，蛋黄色泽比较鲜艳；而用草灰作辅料的咸蛋咸味稍淡，蛋白鲜嫩，但蛋黄穿心化油的程度不好，口感欠佳。为了使泥浆、咸蛋不粘连，外形美观，也可在泥浆外再滚上一层草木灰，则成为泥浆滚灰咸蛋。

（3）浸泡法。浸泡法是将鸭蛋直接浸泡在盐水、泥浆或灰浆水中进行腌制的一种方法。这是一种成熟速度较快的方法，包括盐水浸泡法和灰泥浆浸泡法两种。

① 盐水浸泡法。按照1千克鲜蛋用1千克盐水的比例，配制质量分数

为20%的盐水，冷却待用。将挑选好的鲜鸭蛋用冷开水洗净晾干，放入缸或罐内，再用稀眼竹盖压住，然后灌入盐水，以能浸没鸭蛋为度。夏季一般需15~20天，冬季30天左右即可食用，但这种咸蛋不宜久存。

② 灰泥浆浸泡法。在浓度为20%的盐水中加入干黄泥细粉或干稻草灰，搅拌调成稀浆状，然后放入鸭蛋浸泡，其他工艺与盐水浸泡法相同，但成熟时间稍长。灰泥浆浸泡咸蛋比盐水浸泡咸蛋的存放时间长，蛋壳不会出现黑斑，而且风味也略有不同。

（4）家庭腌制法。

① 白酒腌制法。鲜蛋5千克，体积比为60%以上的白酒2千克，细盐1千克。将要腌制的蛋品逐个在白酒中浸泡一下，再放到细盐中滚一层盐，然后放入坛中，最后将多余的细盐撒在鲜蛋上面，加盖密封，置于阴凉干燥处，40天左右即可食用。

② 辣椒酱腌制法。鲜蛋5千克，辣椒酱5千克，细盐1千克，白酒20克。将辣椒酱与白酒调匀成糊，鸭蛋逐个滚上一层糊，再放到盐里滚上一层细盐，然后放入容器中。把多余的辣椒酱和细盐混合拌匀，覆盖到最上面。容器用塑料薄膜密封，放在阴凉干燥处，50天左右即可食用。

③ 五香料腌制法。盐2.5~3千克，水5千克，桂皮150克，山茶175克，茴香65克，辣椒粉100克，干草125克，黄泥适量。将以上辅料（黄泥除外）放在一起煎煮1小时，滤出渣滓，加入黄泥搅拌成糊状，然后用黄泥糊将蛋包住，腌制30天即可食用。

五、食用注意

（1）随着贮藏时间的延长，鲜鸭蛋的感官质量会逐渐下降，鸭蛋会由最初的无菌蛋逐渐转变为细菌大量生长繁殖和蛋白质严重腐败变质的坏蛋。因此，保存时间太久的鸭蛋尽量不要食用。

（2）熟制咸鸭蛋含有较高的盐分及较多的胆固醇，故患有心脑血管疾病的患者应谨慎食用。

诚实的阿莲和贪心的继母

双黄鸭蛋最早出现在福建省漳州市龙海区的金定村，现在的金定鸭已是中国三大名鸭之一。关于金定的双黄鸭蛋还有一段神奇的故事。

传说在很久以前，金定的当地人多以养鸭为生。有一个姓郭的养鸭能手，中年丧妻后续娶王氏。王氏自从生下自己的女儿阿美后，常常借故打骂丈夫和前妻所生的女儿阿莲。郭某为了息事宁人，睁一只眼闭一只眼地纵容着王氏。

后来，由于长期劳累，郭某病倒了。养鸭的重担落到阿莲身上，不论刮风下雨、严寒酷暑，年幼的阿莲都要早出晚归，带着少许干粮，赶着鸭群到田间、河滩觅食。

这天傍晚，乌云密布，眼看就要下大雨了。阿莲慌张地赶着鸭群回到家，却发现少了一只，这要让继母知道又要挨打了。她把鸭群赶到鸭圈后就一个人冒雨找鸭子去了，一路风雨交加，也不知道走了多远，忽然听到了鸭子的叫声。阿莲太高兴了，循声找去，看到一群鸭子在一个浅滩上，滩头还有一个鸭寮，一位白发、白胡子老翁正坐在那儿看鸭群。阿莲上前询问，老翁抱起一只金闪闪的肥母鸭问阿莲："这是你的鸭子吗?""不，我丢的是一只又黑又瘦的小鸭。"阿莲回答道。老翁又抱起一只又黑又瘦的小鸭问："这是你的鸭子吗?""这正是我丢失的小鸭。"阿莲高兴地说。"那你就把它带回家吧，诚实的女孩，它会带给你好运的。"

阿莲谢过老翁就回家了。到家后，阿莲抱着鸭子站在父亲床前解释找鸭的经过，在灯光下大家清清楚楚地看到阿莲抱回的是一只又肥又大的金鸭子。

“你怎么不多抱几只回来?”继母骂道,“明天带我去。”

第二天,继母带了个大布袋,跟自己的亲生女儿阿美,逼着阿莲带路,找到了老翁放鸭的浅滩,“我家走失了几只金鸭子,一定混到你的鸭群里了。”王氏说着就走到鸭群里,抓起鸭子就放进布袋里。

老翁想问几句,王氏也不理会。一会儿工夫,布袋装满了,王氏让阿美、阿莲一起帮忙,她们三个又拖又拉又推地移动着重重的袋子。到了鸭寮边,看到一堆金锭,贪心的继母又张口咬住两块金锭。

一路上,走走停停,到了江边,她们开始蹚水过江,阿莲在前拉,阿美在后扶,王氏在中间背着重重的袋子。忽然王氏脚一滑,失去了平衡,落到水里,她本能地张口想喊,却把两块金锭吞下了肚子。阿莲跟阿美边喊边找,怎么也找不到王氏。不一会,水里浮起一只又肥又大的母鸭。

两姊妹只好抱着肥母鸭回家,把事情经过告诉卧病在床的父亲。

说来也怪,那只肥母鸭从此之后,每天都下一个大大的蛋,而且都是双黄蛋。

麻鸭蛋

腌蛋以高邮为佳，颜色细而油多，高文端公最喜食之。席间，先夹取以敬客。放盘中总宜切开带壳，黄白兼用；不可存黄去白，使味不全，油亦走散。

——《随园食单》（清）袁枚

一、食材基本特性

英文名，又名

麻鸭蛋（Shelduck’s egg），就是麻鸭所产的蛋。麻雀羽鸭，在中国习称“麻鸭”，为鸟纲鸭科动物。麻鸭是家鸭的主要品种，黑、白两种羽色的麻鸭都是家鸭的变种。

麻　鸭

形态特征

麻鸭蛋以白色为主，蛋壳光滑、较厚，不易破损；蛋黄大而凸起，颜色深至橘红；蛋白澄清浓厚，稀稠分明。

产地

麻鸭是中国数量最多、分布最广、品种繁多的一种家鸭。目前，国内将麻鸭分为肉用、蛋用和肉蛋兼用3种类型。

麻鸭是中国鸭类特产品种，或称为本土品种，是中国较早被驯化的鸭类之一。我国比较著名的麻鸭品种有高邮麻鸭、绍兴麻鸭、吴川麻鸭、微山麻鸭、缙云麻鸭、攸县麻鸭等。

二、营养及成分

经测定，每100克麻鸭蛋中部分营养成分见表13所列。

表13　每100克麻鸭蛋中部分营养成分

食材名称	蛋白质（克）	脂肪（克）	碳水化合物（克）	维生素A（毫克）	维生素B_2（毫克）	钙（毫克）	铁（毫克）	磷（毫克）	硒（毫克）	胆固醇（毫克）	钾（毫克）	天冬氨酸（毫克）	谷氨酸（毫克）	亮氨酸（毫克）
麻鸭蛋	12.6	13	3.1	0.3	0.4	62	2.9	226	0.8	565	135	2205	2130	1240

麻鸭蛋含有蛋白质、钙、钾、铁、磷等基本营养物质，食用后可以满足人体对营养元素的日常需求，因此是一种健康的膳食食品。例如，贵州麻鸭蛋中硒的含量较高，而硒是人体必需的微量元素，具有抗衰老的作用，缺硒会导致免疫力下降。麻鸭蛋富含各种氨基酸，其中天冬氨酸和谷氨酸的含量较高，亮氨酸次之。

三、食材功能

性味　味甘，性凉。

归经　归心、肺、肾经。

功能

（1）麻鸭蛋具有低脂肪、高硒量、富含氨基酸等特点。麻鸭蛋含有较多的谷氨酸和天冬氨酸，它们不仅可以增加鸭蛋风味，还能保护肝脏、消除疲劳。因此，食用麻鸭蛋比食用普通鸭蛋更能满足人们的健康需求，并且更有益于人们的身体健康。

（2）麻鸭蛋中的蛋白质为完全蛋白质，含有人体必需的各种氨基酸，种类齐全，含量充足，且组成比例合适，可以维持成人的身体健康，促进儿童的生长发育。此外，麻鸭蛋中所含的必需氨基酸营养价值高于普通鸭蛋。

盐皮蛋

广安盐皮蛋起源于四川省广安县协兴镇牌坊村，距今已有100多年的历史。目前，广安市境内企业及个体户按照传统腌制技术结合现代科技的生产方法，遵循产业化、标准化组织生产盐皮蛋。因为盐皮蛋同时具有皮蛋和盐蛋的美味，所以得名“盐皮蛋”。广安盐皮蛋选用当地所产麻鸭蛋，选用香叶、茴香、肉蔻、八角、白蔻、山柰、鲜姜、盐、碱等调料配制成辅料。在制作盐皮蛋的过程中，首先用清水将蛋洗净、晾干，然后将其放进辅料中加水密封，浸泡若干天，取出洗净、煮熟即为盐皮蛋。

盐皮蛋

咸蛋

咸蛋是我国老百姓经常食用的食品，以高邮咸蛋最为有名。高邮咸蛋具有蛋黄油润、呈橘红色，蛋质细腻、油多等特点。高邮咸蛋多以麻鸭蛋腌制而成，松、沙、油、细、嫩等口感俱全。咸蛋的制作原理非常简单，主要是使用盐腌制。麻鸭蛋壳内部有一层卵壳膜，该膜为半透膜，在咸蛋腌制的过程中，盐不断地透过蛋壳、蛋壳内膜和蛋白膜向内部扩散。与此同时，盐在蛋壳内外形成较高的渗透压，使得蛋黄和蛋清中的水分不断地向蛋外渗透，进而形成口感独特的咸蛋。咸蛋制作过程中，盐分渗透和扩散的速度，与盐溶液的浓度和腌制温度有关。盐浓度越高，其在卵壳膜内外所形成的渗透压就越大，则蛋清中的水分流失越快，腌制速度也就越快，但是这种快速腌制的咸蛋味道过咸且口感不佳。如果盐量较低，那么鸭蛋的防腐能力较差，同时腌制时间会延长，营养价值就会流失。目前，腌制咸蛋的方法较多，传统腌制方法有草灰法、盐泥涂布法和浸泡法等，一些比较先进的技术有超声波技术和脉动压技术等。此外，采用有机酸预处理结合真空入味腌制咸蛋的方法，不仅操作简便、成本低廉、可获得较高的成品率，而且还可以保持咸蛋的最佳品质并缩短生产周期，因此，该方法最受生产厂家的青睐。

五、食用注意

（1）中老年人不宜多食、久食麻鸭蛋。麻鸭蛋的脂肪含量高于蛋白质的含量，且其胆固醇含量也较高。摄入的食物中总胆固醇含量、低密度脂蛋白胆固醇含量较高，会导致老年人认知能力下降，并增加患轻度认知损害（MCI）的风险。

（2）儿童不宜多食。研究证实，儿童多动症与氨基酸摄入，特别是动物性蛋白摄入过量有关。发育期的儿童虽然需要较多量的蛋白质，但一般每日每千克体重摄入3克左右蛋白质即可维持体内蛋白质的代谢平衡。

（3）麻鸭蛋多用于制作咸蛋，而咸蛋是腌制产品，其盐分含量较高，这些盐分可以刺激机体血管收缩，使血压升高。咸蛋的蛋黄中还含有较多的胆固醇，人体过多摄入胆固醇易导致动脉粥样硬化和结石的形成，而这对情绪不稳定、免疫力低下的失眠患者来说更为不利。此外，一些生产加工者为了延长咸蛋的保质期，会在制作咸蛋时添加一些防腐剂，而机体摄入过多防腐剂会对健康产生不利影响。

鸭蛋状元

明隆庆四年（1570），出身于广东潮州府书香世家的黄成塘喜得贵子，取名黄士俊。黄成塘努力地把儿子教育成了一位好学上进、孝顺父母的好少年。

黄士俊读书勤奋异常，受到了乡邻们的一致称赞。他在27岁时，即万历二十四年（1596）夺得了广东乡试第一名的成绩，一时惊动了广东学界。黄士俊对第二年的会试志在必得，但在赶考途中，黄士俊偶听过路的同乡说哥哥得了重病。他心里非常急迫，放弃了参加会试的机会，回到乡里照顾长兄，孝行感动了许多士人。

但黄士俊这样做，却无法感动一个人，那就是他的岳父。本来黄家就穷，根本没他娶妻的份，不过黄士俊是一支潜力股，岳父觉得也不错。但他竟然放弃了前程，岳父被气得半死。

10年后，即万历三十四年（1606），黄士俊觉得还是要有点出息才行，于是打算进京赶考，但苦于没有路费，便厚着脸皮去岳父家借。

那天岳父家刚好请客，席间听说女婿前来借钱，心想这不是丢自己的脸吗？如果前些年进京赶考，现在已经做官了，何至于落到如今这般境地，于是他心里觉得十分不爽。待女婿说完后，他指着桌上的鸭蛋说："要钱没有，鸭蛋倒还有两个。"不由分说，便让仆人塞给黄士俊两个鸭蛋，强行把他打发走了。

岳父家的仆人向来欣赏黄士俊，觉得主人这样做挺过分的，便把自己积攒了很久的私房钱拿给了他。靠着这笔钱，黄士俊总算风餐露宿地到了京城。

也许这是一笔精准的投资，黄士俊果然在万历三十四年（1606）的会试中榜上有名，在第二年殿试时，黄士俊更被钦点为第一名，当时他才38岁。

中了状元后，万历皇帝授予他翰林修撰之职，不久又升为礼部右侍郎。黄士俊为官清廉正直，得到了朝野上下的赞扬，但因此和当时权倾朝野的魏忠贤产生了过节，便称病辞归故里。

据说，黄士俊回到家乡后，他以“鸭蛋”为题，写了一篇文章送给岳父，至今广为流传。由于这篇文章，他也被后世称为“鸭蛋状元”。文章里面有许多名言警句在当地广为流传，也传到了当地官员耳朵里。

有两位地方官想试试他的实力，设宴款待他，并“限韵吟诗”，吟不出来的罚酒。某官员领头：“双门原不动，两面廛民众。谯鼓响蓬蓬，惊醒商家梦。”另一官员接着用原韵吟道：“珠江原不动，四面兰桡众。渔鼓响声声，惊醒舟人梦。”轮到黄状元，他故意装出一副苦思冥想的样子，直到对方得意扬扬地大叫罚酒时，他才不紧不慢地吟出了下面四句：“苍天原不动，周罗星宿众。雷鼓一响隆，惊醒嫦娥梦。”众人听了，自是佩服得五体投地。

海鸭蛋

清游从此起，过处必须看。
背日山梅瘦，随潮海鸭寒。
平途迷望阔，峻岭疾行难。
听得居人说，今年冬又残。

——《寿昌道中》
（南宋）翁卷

一、食材基本特性

英文名，又名

海鸭蛋（Sea duck’s egg）是放养于海边滩涂区域，以鱼类、虾类、蟹类、贝类及藻类为主要食物的蛋鸭所产的蛋。

海　鸭

形态特征

与普通鸭蛋相比，海鸭蛋具有蛋黄橙红、营养更加丰富等特点。此外，由于海鸭长期生活在海边，以虾、鱼及各种浮游生物为食，因此，该类鸭子所产的海鸭蛋富含虾青素、卵磷脂及蛋白质等多种对人体有益的物质，是一种天然的健康食品。在挑选海鸭蛋时，蛋壳越为坚厚、蛋清越为浓稠、蛋黄颜色越红的，品质越好，反之则较差。不同季节所产出的海鸭蛋也具有差异性，以春、夏、秋三季及良好天气条件下生产的为最好，在冬季、台风、雨天所产的次之。不同海滩所产出的海鸭蛋的品质也不同，在选择海鸭蛋时，应首先挑选放养于海草丰茂或红树林茂密的浅海滩涂的海鸭所产的海鸭蛋，品质较好。此外，海鸭的养殖密度也对海鸭蛋的品质有影响，在选择海鸭蛋时，应选择以低密度、小群散养方式放养的海鸭所产的蛋，而那些高密度、大群放养的海鸭所产的蛋，品质次之。

产地

在中国，海鸭蛋的主要产区为南海北部湾海域国家红树林保护区（广东湛江，广西防城港、北海、钦州等地），广东茂名、台山等沿海地区。因广西钦州海鸭所产的海鸭蛋具有体积大、蛋壳坚厚、蛋清浓稠、蛋黄比例大、色泽呈橙色、无腥味等特点，目前已成为广西农产品的地理标志产品。

二、营养及成分

经测定，每100克海鸭蛋中部分营养成分见表14所列。

表14 每100克海鸭蛋中部分营养成分

食材名称	蛋白质（克）	脂肪（克）	碳水化合物（克）	维生素B_2（毫克）	钙（毫克）	铁（毫克）	磷（毫克）
海鸭蛋	12.7	13.8	16.9	0.4	118	3.1	6

海鸭蛋营养丰富。每100克海鸭蛋中约含有4克卵磷脂，这比100克牛奶中所含卵磷脂要高50倍，而卵磷脂具有延缓衰老，软化、清理血管，增强记忆力的作用。每100克海鸭蛋中含有12.7克蛋白质，这些蛋白质中含有8种人体必需的氨基酸，且8种氨基酸的总量高达11.5克。此外，海鸭蛋中还含有钙、铁、磷、碘、锌、镁、硒、钾等多种对人体有益的矿物质元素和10多种维生素。

相关研究表明，海鸭蛋中所含的类胡萝卜素总量和脂肪酸总量高于普通鸭蛋，赖氨酸和蛋氨酸的含量分别比普通鸭蛋高11.1%和10%。

三、食材功能

性味 味甘，性凉。

归经 归心、肺经。

功能 在测定普通鸭蛋和海鸭蛋中的不饱和脂肪酸含量时发现，海鸭蛋中ω-3脂肪酸含量明显高于普通鸭蛋。该成分在促进人体生长发育，防治糖尿病、心脑血管疾病，抗炎和降血脂等方面发挥着重要的生理功能和保健作用。

四、烹饪与加工

海鸭蛋的食用方法简单，与鸡蛋、鸭蛋等蛋类的烹饪方法相同，蒸、炒、煎、煮均可。但是，对海鸭蛋来说，采用炒、煎的方法烹饪后腥味小，味道和口感更佳。

炒海鸭蛋

（1）材料：海鸭蛋、食用油、盐、料酒等。

炒海鸭蛋

（2）做法：将海鸭蛋去壳，放到碗里，添加少量水、料酒和食用油，加入盐搅拌均匀。大火热锅，倒食用油，转小火，向锅中倒鸭蛋液翻炒，待鸭蛋液凝固即可。

鸭蛋液刚凝固时立即出锅，所得鸭蛋较嫩；翻炒的时间延长可增加焦香味道；在炒海鸭蛋时，加适量水可以使海鸭蛋更松软。

即食海鸭蛋

挑选新鲜、无破损的海鸭蛋并用清水清洗干净。取适量盐加水溶解，加入黄土粉、茉莉花粉、玉米须粉及适量酵母粉，再加水搅拌均匀，得到泥浆。将海鸭蛋放入泥浆中浸泡，待蛋壳沾满泥浆后取出，密封。腌制4~5天后，将海鸭蛋清洗干净、烘干，高温灭菌后常温贮藏，即得即食海鸭蛋。

烤海鸭蛋

将洗净的新鲜海鸭蛋置于糯米酒中浸泡8~15分钟，取出沥干，将酒泡后的海鸭蛋送入瓦缸中，然后加入卤汁浸泡3~6小时，取出沥干，包上锡纸，在常温下静置8~9天；在72~78℃下烘烤2~3.7小时，最后升温至125~130℃，烤制11~14分钟即可。这一过程在保证海鸭蛋原有营养与风味的前提下，全面提升质量，增加其保健价值；制备的烤海鸭蛋蛋黄起沙流油，蛋白韧劲十足，营养价值较高。

烤海鸭蛋

五、食用注意

（1）阿司匹林不可与咸海鸭蛋同食。生病的人都爱喝粥，同时吃咸鸭蛋或者咸菜，但咸海鸭蛋含有一定量的亚硝基化合物，而口服的各种解热药物中多数都含有阿司匹林，阿司匹林可与咸海鸭蛋中的亚硝基化合物生成有致癌作用的亚硝胺。

（2）海鸭蛋是人们生活中常见的高营养食品，但如果杀菌或烹调不当，可能引起食物中毒。研究表明，约有10%的禽蛋可以检验出活菌，主要为沙门菌和其他能引起禽蛋腐败变质的微生物。这些微生物多数是细菌，也有真菌等。因此，在食用海鸭蛋时，要注意清洗干净且高温烹调足够时间。

红心鸭蛋的由来

很久以前，葛城有一户主李员外，虽说有钱有势，但也乐善好施，普济百姓，还经常出钱整修祠堂寺庙，为邻里祈福求雨，深受当地人的爱戴与尊敬。

有一天，李员外外出经商，碰到了两个手持利刃的莽汉追赶一只受伤的梅花鹿，平日里吃斋念佛的李员外动了恻隐之心，命壮丁救下了梅花鹿，并把它带回去悉心照料，直至痊愈。当他准备将梅花鹿放归大自然时，梅花鹿却开口讲了话："养鸭于掘鲤淀池，日后便可东山再起。"说完倏地消失在丛林中。

在回府邸的路上，李员外百思不得其解，正在深思间，仆人大声叫喊："老爷，着火啦，府里着火啦！"李员外慌张地从轿子上下来，咆哮着往里面冲，旁人赶紧拉着他并张罗着救火。火势迅速蔓延，势不可当，最终，一切化为了灰烬。李员外悲痛万分，放声哀号。正在这时，李员外的家人却毫发无损地从人群中走了出来。原来这日，在李员外外出后，祠堂里突然传来了一个声音，道："李家有难，亲人全往寺庙祈福。"大家都认为是祖宗显灵，来帮助他们摆脱灾难了。于是，李员外之妻郑氏便带着大家及所有奴仆前往寺庙祈福。没想到回来时，一切皆为废墟。全家人抱在一起痛哭流涕，伤心过后，定下心的李员外想起了梅花鹿的话，便遣散了大部分仆人，带着家人和仅有的几个仆人去往掘鲤淀池。李员外用为数不多的银子买下了掘鲤淀池的产权，又去集市买了几只鸭子，于是开始了他的养鸭之路。

李员外的生意日渐红火。一日，李员外及家人为庆祝新生，特意买了几坛酒，想要一醉方休。一家人喝着、聊着、唱着、跳着，一会儿就都醉醺醺的了。李员外在醉意下更是手舞足蹈，拿着筷子乱敲，又拿起鸭蛋乱晃，晃着晃着就把它扔进酒坛子里了。一会儿，大家都醉得无法支撑，睡在地上了。仆人把喝醉的人都送回了各自的房间，然后就去收拾桌子。一个女仆在收酒坛的时候突然看见里面有个鸭蛋，往日里讲究节俭的她并未将其扔掉，而是舀出来拿回了厨房，用装过盐的纸包了起来，以区分其他的鸭蛋。过了几天，李员外外出回来，非常饿，便自己去了厨房找吃的。那个用纸包裹着的东西吸引了他的注意，李员外小心翼翼地打开纸包发现是一个鸭蛋，还有酒的香气；剥开后，只见其蛋黄呈红色，还有一些油儿冒出来。李员外甚是感兴趣，于是尝了尝，味美至极。之后，李员外把那个女仆叫了出来，问明缘由后，便开始研制红心鸭蛋。他了解到掘鲤淀池中的鸭子经常吃活鱼、活虾和一些营养丰富的水草，产出的鸭蛋蛋心是红色的，再用酒和盐腌制存放数日，便可成为更美味的佳肴。

野鸭蛋

野鸭羽翼能几长，马师眼孔些子大。
从他飞去拟何之，须待拽回遭笑怪。

——《颂古》（北宋）释慧空

一、食材基本特性

英文名，又名

野鸭蛋（Wild duck’s egg），又称野凫蛋、蚬鸭蛋、晨鸭蛋、凫卵、大麻鸭蛋，为鸟纲鸭科动物绿头鸭以及多种同属鸭类所产的卵。

形态特征

野鸭蛋以壳绿、光滑、新鲜、黄红、白黏稠者为佳。野鸭蛋蛋重明显低于北京鸭和绍鸭所产的蛋，与褐壳系蛋鸡所产的蛋的蛋重相比也有差距。绿头野鸭蛋是一种小型禽蛋，这与野鸭属于体型较小的野生禽类有关。

产地

野鸭在全国大部分地区有野生分布，但是目前市售野鸭蛋大多为人工养殖野鸭所产。四川省眉山市青神县汉阳镇有一种汉阳特产野鸭蛋，有着降脂清淤、软化血管、美味可口等特色。

二、营养及成分

野鸭蛋营养丰富，可与鸡蛋媲美，有丰富的蛋白质、磷脂、维生素A、维生素B_1、维生素B_2、维生素D、钙、钾、铁、磷等营养物质。

经测定，每100克野鸭蛋中部分营养成分见表15所列。

表15　每100克野鸭蛋中部分营养成分

食材名称	蛋白质（克）	脂肪（克）	碳水化合物（克）	维生素A（毫克）	维生素B_2（毫克）	维生素B_1（毫克）	维生素E（毫克）	钙（毫克）	铁（毫克）	磷（毫克）	硒（毫克）	胆固醇（毫克）
野鸭蛋	11.8	10.9	6.9	0.7	0.4	0.2	0.6	66	2.9	279	17.3	598

三、食材功能

性味 味甘，性凉。

归经 归肺、脾经。

功能

（1）野鸭蛋可平胃消食、利水清肿，产后虚弱、病后水肿、食欲不振、体倦无力、慢性水肿等病症患者食之有益。

（2）野鸭蛋中除了含有蛋白质、脂肪和碳水化合物外，还含有多种维生素、矿物质。因此，食用野鸭蛋有益人体骨骼发育并能预防贫血，还可清除人体内热结，补虚劳，滋阴养血，润肤美容。

四、烹饪与加工

野鸭蛋的主要烹饪方法是水煮，除水煮外，新鲜的野鸭蛋还有多种烹饪方法。

煎蛋饼

（1）材料：野鸭蛋、苦瓜、菠菜、盐、味精、黑胡椒粉、食用油等。

（2）做法：准备好苦瓜、菠菜，切成末，将野鸭蛋打成蛋液；将三者混合，同时加入适量的盐、味精、黑胡椒粉并搅拌均匀；开火热锅，在锅内刷些食用油；往锅中倒入蛋液，转小火；加热至蛋液呈半凝固状时再翻面烙，当蛋饼呈金黄色即可关火享用美味。

现代加工野鸭蛋的方法与加工野鸡蛋的方法类似。一些现代化加工的蛋制品包括冰蛋品（冰全蛋、冰蛋白、冰蛋黄）、干蛋品（干蛋片、干蛋粉）、湿蛋品（湿全蛋、湿蛋黄、湿蛋白）。加工过程一般包括清洗、消毒、搅拌、过滤、冷却、包装等步骤。冰蛋品由鲜蛋的全蛋液或分蛋液冻结而成，可作为食品配料。干蛋品由鲜蛋加工处理干燥而成，它分为干蛋白（又称干蛋白片）、干全蛋片、干蛋黄片、全蛋粉、蛋白粉、蛋黄粉。

煎蛋饼

五、食用注意

（1）阿司匹林与咸野鸭蛋不可同食。咸野鸭蛋含有一定量的亚硝基化合物，而人们服用的解热、镇痛药物中一般都含有阿司匹林，阿司匹林可与咸野鸭蛋中的亚硝基化合物反应生成致癌物亚硝胺。

（2）未经检验的野鸭蛋可能含有沙门菌，若不经过处理直接食用可能导致食物中毒。

两个金蛋的故事

很久以前，在东北的深山老林里住着一位老人，他头发、胡子全白了。他出没在这山林之中，很少有人知道他叫什么名字，也不知他是什么来历。

在山脚下住着一个年轻人，他叫喜财，以砍柴为生。喜财和这位老人经常碰面，加上喜财热心肠，经常帮助老人买这买那，所以他俩就熟悉了。

有一天，这位老人来到喜财的茅屋中，老人看起来一副心事重重的样子。喜财见后，便说："老人家，您有什么心事吗？能跟我说吗？看我能不能帮助您？"

这位白胡子老人说："咳！我住在这山里已经有几十年了，现在我老了，想落叶归根，回山东老家去。我在这又没有什么亲人，你是一个好孩子，我只想告诉你一个秘密。"喜财问："什么秘密？"白胡子老先生看了他一眼，继续说："在我来这之前，我就听说这里有对金鸭子，在每年端午节这天会下两个金鸭蛋。所以我天天寻找这对金鸭子，找了好多年。有一天，我正在山里找着，当我抬头向远处看时，好像有什么东西在发光，我就朝着发光的地方走去。我刚走到那里，就听见扑啦啦的一阵声响，飞起两只鸭子。原来这两只鸭子浑身都是金色的，窝里还有两个金光闪闪的蛋。当时我太高兴了，这就是我要找的那两只金鸭子，我赶紧捧起那两个金鸭蛋，打那以后，每年我都会得到两个金鸭蛋。"

"喜财，我已经把一切都告诉你了，你要记住这个地方，在每年的端午节这一天会得到两个金鸭蛋。我现在要回老家了，今后就全靠你自己啦。"第二天，老人便走了。

喜财自从得知这一切后，天天盼望着端午节这一天。终于到了这一天，喜财起了个大早，赶忙上山。走过一段山路后，便来到了老人指给他的地方，就听见扑啦啦的一阵声响，只见两只鸭子飞走了，留下两个金鸭蛋。喜财赶忙把金鸭蛋捡起揣在怀里。他想，果然和老先生讲的一样，就是窝太小了，只能放下两个蛋，要是扩大一点，不就能多得几个金鸭蛋了吗？他一边想着一边就动起手来。喜财把原来的窝拆了，拿来树枝把窝给扩大了好多倍。他想着明年能捡到满满一窝的金鸭蛋，满意地下山了。

第二年端午节这天，喜财高兴地上山了，到了那里，没有听见扑啦啦的声音，也没有看见一个金鸭蛋。喜财懊悔极了，因为贪财，最终喜财就只得到两个金鸭蛋。

从此以后，喜财不再妄想，开始勤勤恳恳地以打柴为生。他再也不贪财，也绝口不提金鸭蛋的事儿了。

鹅蛋

我非好鹅癖，尔乏鸣雁姿。
安得免沸鼎，澹然游清池。
见生不忍食，深情固在斯。
能自远飞去，无念稻粱为。

——《道州北池放鹅》
（唐）吕温

一、食材基本特性

英文名，又名

鹅蛋（Goose’s egg），是鸟纲鸭科动物鹅所产的卵，又称鹅卵。

形态特征

鹅蛋形状呈椭圆形，个体大，新鲜的鹅蛋必须烹饪后食用。每颗鹅蛋质量在225~280克，比普通鸡蛋大4~5倍。鹅蛋表面呈白色，较光滑；草腥味重，质地粗糙，口味不如鸡蛋、鸭蛋。

产 地

全国主要水系的湖区均有产出。

二、营养及成分

鹅蛋富含多种营养物质，其蛋黄中的卵黄磷蛋白和蛋白中的卵白蛋白，能够为人体提供各种必需氨基酸，很容易被消化吸收；蛋黄中含有许多脂肪，脂肪中约五成是卵磷脂，卵磷脂能够促进人脑及其神经组织发育；蛋黄中含有大量矿物质，如铁、磷和钙等元素。鹅蛋中胆固醇含量非常高，每100克鹅蛋中胆固醇含量高达704毫克，且大多数都存在于蛋黄中。

经测定，每100克鹅蛋部分营养成分见表16所列。

表16　每100克鹅蛋中部分营养成分

食材名称	蛋白质（克）	脂肪（克）	碳水化合物（克）	钙（毫克）	磷（毫克）	胆固醇（毫克）
鹅蛋	11	16	3	5734	130	704

三、食材功能

性味 味甘，性温。

归经 归脾、胃、肝经。

功能

（1）鹅蛋中氨基酸的组成和种类能够满足人体对氨基酸的需求，因此，鹅蛋是极好的动物蛋白质来源。

（2）卵磷脂能够参与构成一种在新陈代谢中起着非常重要作用的细胞膜，可以提高人体细胞的再生力，增强人体活力，延缓衰老；人体摄入磷脂后，磷脂会随血液流动进入大脑，并参与合成乙酰胆碱，大脑内乙酰胆碱含量越高，神经传递越快，人的反应速度越敏锐。鹅蛋中卵磷脂的含量很高，因此，经常食用鹅蛋能够健脑增智，并能在增强记忆力的同时预防阿尔茨海默病。除此以外，磷

鹅　蛋

脂还能把大分子脂肪和胆固醇乳化成细小的微粒，甚至能化解已形成的粥样硬化斑块，从而降低人体血脂含量，起到预防中风和心肌梗死等疾病的作用。

（3）鹅蛋蛋白中所含的维生素主要是维生素B_2和维生素B_3。在动物体内，维生素B_3扩散后被胃和小肠上皮吸收，在小肠内转变成烟酰胺，在组织中与蛋白质结合成辅酶，从而参与糖、脂类和蛋白质的代谢。因此，维生素B_3与生物体能量生成紧密相连，有利于维持消化系统、神经系统和皮肤的正常功能。维生素B_2具有促进人和动物机体能量吸收和铁元素代谢等重要作用，若机体缺乏维生素B_2，人体代谢功能就会产生严重的障碍，甚至对机体的生长造成不良影响。由于缺乏合成维生素B_2的相关酶，机体只能从外界摄取维生素B_2，而鹅蛋蛋白就是良好的维生素B_2的食物来源。

四、烹饪与加工

鲜鹅蛋汤

（1）材料：鲜鹅蛋、黄芪、党参、淮山药等。

（2）做法：鲜鹅蛋去壳，倒入碗中，打成鹅蛋液，再同黄芪、党参、淮山药一同煮熟。

（3）用法：食蛋、喝汤，每天1次。

（4）功效：治疗身体消瘦、中气不足、肢体疲乏、食欲不振。

蒸鲜鹅蛋

（1）材料：鲜鹅蛋、白砂糖等。

（2）做法：鲜鹅蛋去壳，倒入碗中，加适量白砂糖打散，蒸熟。

（3）用法：清晨空腹食用，连续服用5天。

（4）功效：可健脑益智，增强记忆力。

鹅蛋松花火腿

以鹅蛋和猪肉为原料，经过均质、乳化、滚揉、蒸煮等工序制作而成。此产品外形美观，有松花形态，又具备盐水火腿的风味，横断面能够观察到内部猪肉组织结构，营养价值很高。

熟制鹅蛋

熟制鹅蛋是一种将新鲜鹅蛋经过高温处理后制成的具有一定风味的鹅蛋制品，常见熟制鹅蛋有虎皮鹅蛋、卤鹅蛋等。

鹅蛋制品

鹅蛋制品是一种通过加工新鲜鹅蛋而制得的蛋品，主要可分为冰冻鹅蛋类和干鹅蛋类。冰冻鹅蛋类制品加工方法是先将鹅蛋壳去掉，然后冻结鹅蛋液，可分为冻全蛋、冻蛋黄、冻蛋白3种。这些冰冻类鹅蛋制品大多应用于食品工业。干鹅蛋类制品是去掉蛋壳，用其内容物加工制得，主要分为全蛋粉、蛋黄粉、蛋白粉3种。除此以外，鹅蛋还能够用于加工蛋壳粉、蛋白胨和提取卵磷脂等。

五、食用注意

（1）心血管病患者应尽量少摄入鹅蛋。这是因为鹅蛋中胆固醇含量非常高，且大部分集中于蛋黄。每100克鹅蛋蛋黄中，胆固醇含量可达到

1813毫克，是肥猪肉的17倍、猪肝的7倍。如果把鹅蛋加工成咸蛋或松花蛋，其中胆固醇含量并无明显变化，心血管病患者仍需控制摄入量。

（2）鹅蛋中含有较多的卵磷脂，卵磷脂虽然有很多益处，但其热量很高，过多食用鹅蛋易增加人们患肥胖症和高脂血症的风险，老年人及心血管病患者更需谨慎食用。

（3）随着贮存时间的延长，鹅蛋品质逐渐下降；贮存温度越高，鹅蛋的品质下降得越快，适当低温贮存对保持蛋的新鲜度和食用品质有利，可使保质期延长，可食用率增高。

传说故事

金鹅蛋的传说

奉化县城东40里外，有一座巍峨挺拔的大山，叫金峨山。可是古时候它不叫金峨山，而叫金鹅山。至今当地还流传着一个关于金鹅和金鹅蛋的故事。

传说在很早以前，金峨山前是一片望不到头的大海。有一年，不知从哪里飞来了一只金鹅，它飞呀飞呀，飞到海滩旁边的一座土山上，在一块很大很大的石头上停了下来。刚好有个名叫阿明的穷小子，正忙着在海边捕鱼。金鹅见这个骨瘦如柴的小伙子捕了半天也没捕到什么，于是“吭吭吭”地像敲金锣一样连叫了三声。阿明回头一看，见是一只鹅停在那里。他想，捕不到鱼虾，捉只鹅回去也能让生病的母亲尝尝鲜。于是，他三步并作两步，飞跑过去。可是跑到那地方一看，连鹅的影子也没有了，只见大石头上留下一只金黄色的蛋。阿明想，拾只鹅蛋回去给娘充充饥也好，总比空手回去强，想着，就把蛋拾了起来。

阿明捧着金鹅蛋兴冲冲地往家走，半路遇到一个五六十岁的老头，长得精巴干瘦，猴子脸，扫帚眉，老鼠耳朵，鲶鱼嘴巴，要多难看有多难看。此人是皇帝的内宫亲信，专门游历在外，为皇帝搜罗民间的奇珍异宝。他见阿明手中捧着一只蛋，黄澄澄、闪亮亮，知是异宝，连忙走过来笑眯眯地问道：“小兄弟，你这只蛋卖不卖？”阿明说：“不卖，我老娘还等着充饥呢。”那“猴子脸”一听，呵呵大笑说：“一只蛋能填饱肚子吗？我给你300两银子，你把它卖给我吧！”阿明觉得这人是个呆子，一个鹅蛋卖300两银子？这不是拿我开玩笑吗？于是，他理都不理，转身就走。

“猴子脸”见阿明要走，赶忙拉住他的衣裳，解开包袱，拿出300两银票来说：“小兄弟，不跟你开玩笑，我们一手交银票一手交货。”阿明一看这银票，心里甭提有多高兴，忙把金鹅蛋给了“猴子脸”。“猴子脸”接过仔细一看，果然是只价值连城的金鹅蛋，不觉大喜过望。他回头又问阿明这蛋是从哪里来的。阿明是个老实人，一五一十地照实讲了。“猴子脸”问清了金鹅蛋的来龙去脉后，乘阿明不备，将他杀害，并拿回了银票。“猴子脸”星夜兼程赶往京城，把金鹅蛋献给了皇帝。皇帝见是世上稀有之宝，高兴极了，晋封这“猴子脸”为识宝侯。

从此，那皇帝不理朝政，每日只顾把玩金鹅蛋。一天，他又召来识宝侯，说：“好东西都应该成双成对，你再去弄一只金鹅蛋来，我让你官升三级。”

识宝侯听了，心里想：“有金鹅蛋必有金鹅，再弄五只、十只又有何难哉！”于是他又赶到阿明告诉他的地方，偷偷地等待着金鹅来生蛋。等呀等呀，一直等了九九八十一天，果然传来“吭吭吭”的声音，只见天上闪过一道金光，那只金鹅又飞到海边那块大石头上停了下来。识宝侯见了，又惊又喜。他想，何不把金鹅捉去，岂不是有一生一世都享不完的福。他不假思索地猛扑过去，那金鹅将翅膀轻轻一拍就飞了起来，把两块几百斤重的大石头拍了起来，一下压在他的身上，顿时把他压成了肉饼。直到今天，这两块巨大的岩石还横卧在金峨山上，人们不知找了多少年，再也没有找到过金鹅和金鹅蛋。

鹌鹑蛋

金风苑树日光晨，内侍鹰坊出入频。
遇着中秋时节近，剪绒花毯斗鹌鹑。

——《元宫词·金风苑树日光晨》（明）朱有燉

一、食材基本特性

英文名，又名

鹌鹑蛋（Quail egg），为鸟纲雉科动物鹌鹑所产的卵，又称鹌鹑卵、吉留蛋、鹑鸟蛋。

形态特征

鹌鹑蛋近圆形，个体小，一个约为10克，蛋壳表面有棕褐色斑点。鹌鹑蛋以外壳的红褐色和紫褐色斑纹色泽鲜艳，壳不硬，蛋黄深黄色，蛋白黏稠者为佳。

产地

目前，全国各地均有鹌鹑蛋产出，但是产自野生鹌鹑的蛋较少。

我国的野生鹌鹑的种类主要是野生普通鹌鹑和野生日本鸣鹑。在我国，普通鹌鹑多在新疆西部繁殖，在西藏南部和成都西南越冬；野生日

鹌鹑蛋

本鸣鹑主要在内蒙古东北部、中部繁殖，越冬时迁徙到沿海各地和中东部地区。两种野生鹌鹑的分布在我国的东部及沿海地区有重叠现象。

二、营养及成分

经测定，每100克鹌鹑蛋中部分营养成分见表17所列。

表17 每100克鹌鹑蛋中部分营养成分

食材名称	蛋白质（克）	脂肪（克）	碳水化合物（克）	维生素B_2（毫克）	维生素A（毫克）	维生素B_3（毫克）	钙（毫克）	铁（毫克）	磷（毫克）	胆固醇（毫克）
鹌鹑蛋（生）	12.8	11.1	2.1	0.5	0.3	0.1	47	3.2	180	515

鹌鹑蛋营养丰富，素有“卵中佳品”之称。鹌鹑蛋蛋黄中卵磷脂含量高达14%，比鸡蛋高出3~4倍。此外，鹌鹑蛋蛋白易被人体吸收利用，是贫血妇女、发育不良儿童的良好滋补品，也是一种理想的功能食品基料。

鹌鹑蛋

三、食材功能

性味 味甘，性平。

归经 归心、肝、肺、肾、胃经。

功能 中医认为鹌鹑蛋具有补五脏、益气养血、强筋骨、耐寒暑、健脾胃的功效，对泻痢、疳积、肾虚腰痛、湿痹、水肿、食欲不振、口干舌燥、营养不良、久病体虚、易倦乏力、贫血萎黄等症有食疗促康复作用，对咳嗽、哮喘、白细胞减少症、神经衰弱、过敏性皮炎、胃病、肺病、高血压病、糖尿病等有辅助治疗作用。

四、烹饪与加工

传统烹饪工艺中多将鹌鹑蛋作药用，常见配方有何首乌煮鹌鹑蛋、益母草鹌鹑蛋汤等。现代加工工艺制品则有卤香鹌鹑蛋、鹌鹑蛋发酵饮料等。

何首乌煮鹌鹑蛋

（1）材料：鹌鹑蛋、何首乌、生地等。

（2）做法：何首乌、生地用水煎，取浓汁，待药汁凉后放入鹌鹑蛋同煮，蛋熟后剥去蛋壳，再放入药汁中稍煮片刻即可。

（3）用法：每日或隔日食用1次，宜常服用。

（4）功效：食之有滋养肝肾、乌须黑发的作用。

益母草鹌鹑蛋汤

（1）材料：鹌鹑蛋、益母草等。

（2）做法：将益母草用水煎，取浓汁，待药汁凉后放入鹌鹑蛋同煮，蛋熟后剥去蛋壳，再放入药汁中煮片刻即可。

（3）用法：吃蛋喝汤。每日或隔日食用1次。

（4）功效：有调经活血的作用，适用于辅助治疗月经不调、痛经等症。

卤香鹌鹑蛋

将鹌鹑蛋清洗干净后放入冷水锅中，水煮沸后再煮5分钟关火，然后把鹌鹑蛋放入凉水中过凉，捞出沥干水分。用各种香料熬出卤汁的香味，将鹌鹑蛋放入卤汁中焖煮，关火后，让鹌鹑蛋在卤汁里浸泡数小时入味，即成卤香鹌鹑蛋。

卤香鹌鹑蛋

鹌鹑蛋发酵乳饮料

当前，蛋品发酵饮料的研究主要集中在鸡蛋发酵乳饮料方面，关于鹌鹑蛋发酵乳饮料的研究较少。鹌鹑蛋发酵乳饮料是以鹌鹑蛋全蛋液与脱脂乳为主要原料，接种乳酸菌而发酵生产的具有清新蛋香和乳香味的发酵饮料，既能有效去除蛋腥味，又能提高产品的热凝胶性与乳化性，可为鹌鹑蛋的开发利用提供新的有效途径，同时丰富发酵蛋乳饮料的种类。鹌鹑蛋发酵乳饮料的主要生产工艺流程为：清洗鹌鹑蛋→打蛋→加白砂糖→全蛋液搅拌均匀→加脱脂乳混合→灭菌→冷却→接种乳酸菌→发酵→后发酵→调配→均质→灌装→灭菌→冷藏→成品。

五、食用注意

鹌鹑蛋含有较高比例的胆固醇，每100克鹌鹑蛋含有515毫克胆固醇，而每100克牛奶中胆固醇含量仅为17毫克，每100克瘦猪肉中胆固醇含量也只有90毫克。也就是说，鹌鹑蛋中胆固醇的含量是牛奶的30倍、瘦猪肉的5.7倍。研究表明，人体内胆固醇含量的升高，是引起动脉粥样硬化的主要原因。因此，老年人，尤其是患有心脑血管疾病的老年人，应少食鹌鹑蛋。

乾隆吃凤凰蛋的传说

传说乾隆年间，翰林院有位大学士叫李调元。他不但文采出众，在烹饪上也有两下子，还爱好戏曲、书法，是个了不起的“多面手”。

乾隆平时喜欢作诗。有一天，他心血来潮，想找人做对联，就派一个内侍到翰林院去找李调元。

内侍到翰林院一问，李调元已多日未来。乾隆不甘心，又派好几个人去找。内侍们找来找去，终于在一家戏院里找到了他。只见他画着妆、穿着戏服，正在台上一蹦三跳地演戏。内侍走过去说：“万岁有请，叫你赶紧去。”李调元不敢怠慢，立时摘下帽子、脱下戏服，慌慌张张进宫去了。

李调元来到皇宫，见到皇上施礼下跪。乾隆一见李调元，扑哧一声笑了，说：“你看看你还像人不？”“我不像人像什么？”李调元走得急，没卸完妆，身上还穿着一条大红裤子。“一个男子家，成何体统！”“我有我的爱好。”“正事你不干，净干歪的邪的，我找了你好几趟，找来了又是这成色，看我该撤你的职，叫你回家为民！”“万岁，撤我的官职，回家为民我更强。”“你强吗？”“我弄个戏班子，自编、自演、自唱，不出北京城，哪天戏院里也满座。”“这么说，我轰你出京城，不把你饿死？”“想饿死我不容易，不让我唱戏，我开饭店。”“你还有这手艺？”“那当然！您不知道？以后我给您做几个菜叫你尝尝。”“这样吧，要过年了，初一这天大伙都来庆贺，你做几个菜叫大家品尝品尝，看看你手艺怎样？”“行。我不能随便做，您得点菜。”乾隆心里想：“叫我点，好！我点一个他不会做的，难为难为他。”“我点个凤凰蛋。”

在蒸、炒、烹、炸、熘的菜谱上，李调元根本没见过这道菜。李调元暗暗着急：我要说不会做吧，在万岁面前已说了大话；做吧，谁见过凤凰蛋什么样？他灵机一动，对！就这么着。于是，他就答应了。

李调元回府后开始琢磨凤凰蛋的做法，他找来个大猪尿泡，吹成西瓜那么大。风干后，把鸡蛋、鹅蛋、鹌鹑蛋打进去，然后再放上各种调料。接着把口封好，用绳绑起来吊在井里，泡两天又捞上来，之后就上锅将它蒸熟。开锅时，香气四溢，色泽鲜艳！

到了初一这天，满朝文武都到了。乾隆就吩咐内侍："去，叫李调元把菜献上来。"内侍一声令下，李调元立即把凤凰蛋端了上去，往桌上一放，说："万岁，请品尝。"乾隆一看这道菜，明晃晃照人眼目，再一闻，满屋子都是香味。乾隆拿起刀来将它切成两半，又轻轻切了一块，放进嘴里一尝，又香又嫩，味美可口！

据说李调元就做了这么一次凤凰蛋，以后他把心思都用在了文学和戏曲上，所以他的烹饪技术并没有流传下来。

麻雀蛋

厌浥行露，岂不夙夜，谓行多露。
谁谓雀无角？何以穿我屋？
谁谓女无家？何以速我狱？
虽速我狱，室家不足！
谁谓鼠无牙？何以穿我墉？
谁谓女无家？何以速我讼？
虽速我讼，亦不女从！

——《诗经·召南·行露》

一、食材基本特性

英文名，又名

麻雀蛋（Sparrow egg），又称雀蛋，是鸟纲雀科动物麻雀所产的卵。

形态特征

麻雀蛋为椭圆形，蛋壳呈褐色，偶有斑点。

产地

目前世界上共有27种麻雀，我国境内分布有5种。在全世界范围内，麻雀的分布相当广泛，除地球极寒冷的南北极和高山荒漠等地区外，其他各地均有分布。因此，我国各地都有麻雀蛋产出。

麻　雀

二、营养及成分

经测定，每100克麻雀蛋中部分营养成分见表18所列。

表18 每100克麻雀蛋中部分营养成分

食材名称	蛋白质（克）	脂肪（克）	碳水化合物（克）	维生素B_2（毫克）	维生素A（毫克）	维生素B_3（毫克）	钙（毫克）	磷（毫克）	硒（毫克）	胆固醇（毫克）
麻雀蛋	11.7	12.5	2	0.4	0.4	0.2	42	129	39.9	498

麻雀蛋富含多种优质蛋白质、维生素（如维生素A、维生素B_2、维生素B_3）、卵磷脂及磷、钙、硒等各种矿物质。

三、食材功能

性味 味甘、咸，性温。

归经 归肾经。

功能

（1）《本草经疏》：雀卵性温，补暖命门之阳气，则阴自热而强，精自足而有子也。

（2）阳痿是男性性功能障碍疾病中最常见的一种。一般通过适当的心理治疗，再配合科学的食疗，可以达到很好的治疗效果。饮食调配应遵循温肾补胃、益精壮阳的原则。日常饮食中，除加强一般营养外，宜

麻雀蛋

多食用具有益肾壮阳作用的食品，如麻雀蛋。

(3）麻雀蛋具有益气养阴之功效，对于防治四肢不温、怕冷及面色不佳、闭经等症有食疗作用。经常食用能够起到健体养颜等作用。

四、烹饪与加工

在传统烹饪工艺中，麻雀蛋多为药用，经查阅，常见配方有开水冲服、麻雀蛋羊肉汤等。

冲麻雀蛋

(1）材料：麻雀蛋等。

(2）做法：开水冲服。

(3）用法：每日早、晚各1次，连服7~14天。

(4）功效：可补肾益精。

冲麻雀蛋

麻雀蛋羊肉汤

(1）材料：麻雀蛋、羊肉、盐、味精、葱、姜、胡椒粉等。

(2）做法：将麻雀蛋、水、羊肉、盐、味精、葱、姜、胡椒粉一同放入锅中，用大火煮沸，再用小火炖至羊肉熟烂即可。

（3）功效：有益于滋补精血、壮阳固肾，用于治疗肾虚胃寒、腰膝冷痛、胃脘隐痛、阳痿等症。

麻雀蛋制品

麻雀蛋制品的现代加工工艺主要有盐渍、卤香等，加工方式与鹌鹑蛋类似。

五、食用注意

麻雀蛋能温肾壮阳，故阴虚火旺者，包括结核病患者、红斑狼疮患者、性功能亢进者等皆不宜食用。

以假胜真的麻雀蛋

江苏太仓双凤乡有家桂香斋，店里出售的凤珠，玲珑可爱、松脆香甜，是太仓名点，连慈禧太后也十分喜爱，故而名扬四海。可是，太仓人都爱称其为“双凤麻雀蛋”。

据说，清朝光绪年间，苏北有一个手艺人叫李三。他与邻家四娘结有私情，怎奈父母不允，故而双双夜渡长江，隐居江南，结为夫妻。他们先落脚在太仓县城，摆了个汤圆摊度日。由于得罪了权贵，没多久，他俩就被当地商贾、豪绅逐出县城。李三和四娘没办法，只得转到双凤乡去。有一天，他俩在双凤乡城隍庙门口的大槐树下摆摊。正当刚刚煮熟一锅汤圆，准备叫卖时，忽然头顶上飞过一群麻雀，撒下几泡鸟屎，鸟屎又恰巧落在锅里，顿时锅中气味难闻，一锅汤圆被白白糟蹋了。李三恼火极了，心想：“我人穷受人欺就算了，还要受这些鸟儿的欺侮，今天一不做二不休，一定要爬到树上去捉鸟拆窠，吐一吐心头这口冤气。”当然，麻雀有翅膀，飞了，一只也没捉住，但窠总算被拆掉，而且李三还意外地得到一窝斑斑点点的麻雀蛋。那天晚上，李三和四娘收摊回家，拿这些麻雀蛋当菜吃，夫妻俩一吃，味道十分鲜美！从此，李三就天天外出去掏麻雀蛋，或回家烧着吃，或拿出去卖。后来，李三索性不做汤圆，专卖麻雀蛋。

但是，鸟窠里的麻雀蛋总是有限的，生意却要天天做，怎么办？李三和四娘一商量，决定要搞一个新名堂出来，那就是人造麻雀蛋。做咸的，还是做甜的？要是做咸的，人家只能当菜吃；如果做成甜的，就可以当作小吃，生意也会兴隆。于是，夫妻俩就用面粉发酵，做成一颗颗滴溜滚圆、玲珑可爱的假麻雀蛋，又将其炒得喷香，撒上白糖、桂花。做好一尝，果然香甜松脆，美味可口。

第二天，夫妻俩一早就上市设摊叫卖，还让顾客先尝后买。人们看见这假麻雀蛋，都觉得新奇，争相尝试，尝罢都赞叹味道好。不一会儿，“麻雀蛋”卖了个精光。从此以后，李三和四娘就专门经营起假麻雀蛋来，还开了家小店，挂起了“双凤麻雀蛋”的招牌。

双凤麻雀蛋的名气一天比一天大起来，附近各镇的人们都纷纷慕名前来购买，把它作为馈赠亲友的礼品。这年，恰逢慈禧太后七十大寿，太仓知县便把李三和四娘的双凤麻雀蛋装在红漆金边的珍贵食盒里，作为苏州府的特产贡献进京。慈禧太后一尝，眉开眼笑，当场便嘉奖太仓知县，又认为“麻雀蛋”这个名字不雅而赐名“凤珠”，并赐李三和四娘的店号为“桂香斋”。于是，桂香斋的凤珠，一时名噪海内。但是，李三和四娘不忘根本，店内依旧长年挂着“双凤麻雀蛋”的招牌。

鸽蛋

陇头池冻闲牛锋，天向无风响鸽铃，
清风习习铃犹响，晓日迟迟翅愈轻。

——《咏鸽哨》（南朝）
朱孝廉

一、食材基本特性

英文名，又名

鸽蛋（Pigeon egg），是鸟纲鸠鸽科动物家鸽、原鸽或岩鸽所产的卵，又称鸽子卵、白鸽蛋。

形态特征

鸽蛋和鹌鹑蛋均含有较多的营养物质，且外形相似。它们的区别在于鸽蛋外形均匀椭圆，一般较鹌鹑蛋稍大；鸽蛋在阳光下是透亮的，表面光洁细腻，而鹌鹑蛋则完全没有光泽；鸽蛋煮熟后，蛋白在一般情况下是半透明的，也有呈乳白色、淡青色的，而煮熟后的鹌鹑蛋的蛋白与鸡蛋的蛋白颜色相近。

产 地

鸽子的繁殖周期较长，自然状态下，一般为45~48天，产蛋的种鸽每10~12天才能生产两枚鸽蛋（第1枚蛋和第2枚蛋产出时间间隔24小时），因此鸽蛋显得弥足珍贵。

目前，市面上流通的商品鸽蛋有光蛋（无精蛋）、鲜鸽蛋、种鸽蛋。光蛋是在经过几天孵化后并确定未受精不能孵出幼鸽的蛋，价格会相对便宜。鲜鸽蛋是新鲜的鸽蛋，大多是经双母配对产的鸽蛋。种鸽蛋是可用于孵化出幼鸽的鸽蛋，即受过精的鸽蛋。一般种鸽蛋价格最贵。鸽蛋在我国各地皆有产出。

二、营养及成分

经测定，每100克鸽蛋中主要营养成分见表19所列。

表19　每100克鸽蛋中主要营养成分

食材名称	蛋白质（克）	脂肪（克）	碳水化合物（克）	维生素B_2（毫克）	维生素B_3（毫克）	钙（毫克）	铁（毫克）	磷（毫克）	硒（毫克）	胆固醇（毫克）	水（克）
鸽蛋	9.5	6.4	2	0.3	0.1	109	3.9	118	66	399	71.9

鸽蛋含有大量优质蛋白质和脂肪，以及少量糖分，还富含磷脂、铁、钙、维生素B_2、维生素B_3等营养成分，易于消化吸收。鸽蛋亦有改善皮肤细胞活性、补充皮肤弹性纤维、增加面部红润度（改善血液循环、增加血红蛋白）、清热解毒等功能。鸽蛋营养丰富，口感细嫩、爽滑，经常食用可预防儿童麻疹。此外，鸽蛋是滋阴补肾之佳品。

三、食材功能

性味 味甘、咸，性平。

归经 归心、肾经。

功能

（1）鸽蛋具有补肝肾、益精气、丰肌肤的功效。贫血、月经不调、气血不足的女性可经常食用鸽蛋，不但可以美颜滑肤，还可以使身体变得强壮。

（2）鸽蛋中含有丰富的钙、磷、钾、锌、铁、镁等矿物质元素，对人体的免疫力、生长发育和健康长寿有重要的作用。钙元素与磷元素是组成人体骨骼和牙齿的主要成分；钾元素不仅在维护心脏的正常功能、预防高血压和心脏病等方面有很重要的作用，而且对维持循环、泌尿、生殖等系统器官的功能和对人体内激素的分泌也有决定性作用；锌元素与铁元素可提高人体的免疫能力，而且铁元素参与氧气和二氧化碳的传输，能够维持正常造血功能；镁元素具有重要的抗衰老、抗氧化功能。

（3）氨基酸的种类和含量决定了蛋白质所发挥的作用。鸽蛋中必需氨基酸含量占所测氨基酸总量的42.3%。其中，天冬氨酸、谷氨酸、亮氨酸和赖氨酸的含量较多，分别占氨基酸总量的15.4%、9.9%、9.4%和9.2%。谷氨酸是神经递质前体，它能解除氨对大脑的毒性，促进消化道黏膜的黏蛋白生成，故其有利于智力与神经系统的发育。此外，其还具有保持皮肤湿润的美容功效，以及能够用于开发治疗消化道溃疡的药物。天冬氨酸对肝和肌肉有保护作用，能够预防和治疗心绞痛和心肌梗死。亮氨酸对治疗神经障碍类疾病有一定的作用。赖氨酸能够促进人体骨骼生长和发育，提高人体的免疫力。此外，亮氨酸和赖氨酸在补血生血、治疗贫血和预防妇女经期问题方面有显著效果。

（4）虽然脂肪具有保护身体组织、提供与储存能量、维持体温、供给必需脂肪酸等诸多功能，但摄入过多会导致心脑血管疾病。为了更好地预防这些疾病，成年人应适当控制脂肪的摄入量。研究发现，与鸡蛋相比，鸽蛋的脂肪含量较低，既能补充人体必需的脂肪，又能防止摄入过多的脂肪。

（5）卵磷脂是构成人体生物膜的重要组成部分，具有重要的营养保健功能。此外，卵磷脂还是人体内胆碱和必需脂肪酸的重要来源，它能够促进血液循环、调节血清脂质水平、延缓衰老和加强免疫力。研究发现，鸽蛋中卵磷脂含量约为17.9%，而鸡蛋为5.1%。由此可见，鸽蛋在卵磷脂含量上有较大的优势，因此适合各种人群食用。

四、烹饪与加工

白煮鸽蛋

（1）材料：鸽蛋等。

（2）做法：鸽蛋皮薄易碎，煮蛋时应使用凉水小火慢炖，水开后煮5~8分钟捞出放入凉水中降温，这样做可以避免蛋壳开裂，也易于蛋壳剥离。

白煮鸽蛋

蒸鸽蛋

（1）材料：鸽蛋、食用油、盐、鸡精等。

（2）做法：先将鸽蛋打入碗中，加入食用油、盐和鸡精等，用筷子顺一个方向搅打均匀，再加入适量的温水。锅中加入清水，用大火烧开，再放入盛放蛋液的碗，盖上锅盖，隔水用小火蒸15分钟即可。

蒸鸽蛋

鸽蛋银耳羹

（1）材料：鸽蛋、枸杞、银耳、冰糖等。

（2）做法：鸽蛋煮熟后剥壳待用。用大火煮开泡发的银耳，然后改小火慢炖使其软烂，放入鸽蛋、枸杞、冰糖，再煮开即可。

（3）功效：食用此羹可安神养心、滋阴润肺、明目护肤、补肝益肾。

冰糖鸽蛋莲子羹

（1）材料：鸽蛋、莲子、龙眼肉、大枣、冰糖等。

（2）做法：先煮莲子至软，加入龙眼肉、大枣慢炖，再加入打好的鸽蛋煮熟，最后加入冰糖调味即可。

（3）功效：食用此羹可强壮身心、补肝益胃、增强记忆力、益智安神。

腌渍鸽蛋

将鸽蛋煮3~4分钟，使蛋黄处于稠状，剥壳备用；取适量饮用水、盐、味精、大料、花椒以及剥壳鸽蛋腌制5~10小时备用；再将腌好的鸽蛋放进电烤箱中，第一次升温到130~180℃，烤3~5分钟，然后自然冷却至80℃，再升温到130~150℃，烤30~40分钟，自然降温待用。最后将烤制好的鸽蛋杀菌、包装、检验，即为成品。腌渍鸽蛋制作方便、食用美味，深受消费者喜爱。

五、食用注意

由于鸽蛋相当脆弱，因此购买时要十分小心，外壳有损坏的鸽蛋可能受到了微生物污染，不宜食用。

刘姥姥吃鸽子蛋

（节选自《红楼梦》，有删改）

一径离了潇湘馆，远远望见池中一群人在那里撑船。贾母道："他们既预备下船，咱们就坐。"一面说着，便向紫菱洲蓼溆一带走来。未至池前，只见几个婆子手里都捧着一色捏丝戗金五彩大盒子走来。凤姐忙问王夫人早饭在那里摆。王夫人道："问老太太在那里，就在那里罢了。"贾母听说，便回头说："你三妹妹那里就好。你就带了人摆去，我们从这里坐了船去。"凤姐听说，便回身同了探春、李纨、鸳鸯、琥珀带着端饭的人等，抄着近路到了秋爽斋，就在晓翠堂上调开桌案。鸳鸯笑道："天天咱们说外头老爷们吃酒吃饭都有一个篾片相公，拿他取笑儿。咱们今儿也得了一个女篾片了。"李纨是个厚道人，听了不解。凤姐儿却知说的是刘姥姥了，也笑说道："咱们今儿就拿他取个笑儿。"二人便如此这般的商议。李纨笑劝道："你们一点好事也不做，又不是个小孩儿，还这么淘气，仔细老太太说。"鸳鸯笑道："很不与你相干，有我呢。"

正说着，只见贾母等来了，各自随便坐下。先着丫鬟端过两盘茶来，大家吃毕。凤姐手里拿着西洋布手巾，裹着一把乌木三镶银箸，按席摆上。贾母因说："把那一张小楠木桌子抬过来，让刘亲家近我这边坐着。"众人听说，忙抬了过来。凤姐一面递眼色与鸳鸯，鸳鸯便拉了刘姥姥出去，悄悄的嘱咐了刘姥姥一席话，又说："这是我们家的规矩，若错了我们就笑话呢。"调停已毕，然后归坐。薛姨妈是吃过饭来的，不吃，只坐在一边吃茶。贾母带着宝玉、湘云、黛玉、宝钗一桌，王夫人带着迎春姊妹三个人一桌，刘姥姥傍着贾母一桌。贾母素日吃饭，皆有小丫鬟在旁边，拿着漱盂麈尾巾帕之物。如今鸳鸯是不当这差的了，今日鸳鸯偏接过麈尾来拂着。丫鬟们知道他要撮弄刘姥姥，便躲开让他。鸳鸯一面侍立，一面悄向刘姥姥说道："别忘了。"刘姥姥道："姑娘放心。"那刘姥姥入了坐，拿起箸来，沉甸甸的不伏手。原是凤姐和鸳鸯商议定了，单拿一双老年四楞象牙镶金的筷子与刘姥姥。刘姥姥见了，说道："这叉爬子比俺那里铁锨还沉，那里犟的过他。"说的众人都笑起来。只见一个媳妇端了一个盒子站在当地，一个丫鬟上来揭去盒盖，里面盛着两碗菜。李纨端了一碗放在贾母桌上。凤姐儿偏拣了一碗鸽子蛋放在刘姥姥桌上。贾母这边说声"请"，刘姥姥便站起身来，高声说道："老刘，老刘，食量大似牛，吃一个老母猪不抬头。"自己却鼓着腮不语。众人先是发怔，后来一听，上上下下都哈哈的大笑起来。史湘云撑不住，一口饭都喷了出来；林黛玉笑岔了气，伏着桌子暖哟；宝玉早滚到贾母怀里，贾母笑的搂着宝玉叫"心肝"；王夫人笑的用手指着凤姐儿，只说不出话来；薛姨妈也撑不住，口里茶喷了探春一裙子；探春手里的饭碗都合在迎春身上；惜春离了坐位，拉着他奶母叫揉一揉肠子。地下的无一个不弯腰屈背，也有躲出去蹲着笑去的，也有忍着笑上来替他姊妹换衣裳的，独有凤姐鸳鸯二人撑着，还只管让刘姥姥。刘姥姥拿起箸来，只觉不听使，又说道："这里的鸡儿也俊，下的这蛋也小巧，怪俊的。我且肏攮一个。"众人方住了笑，听见这话又笑起来。贾母笑的眼泪出来，琥珀在后捶着。贾母笑道："这定是凤丫头促狭鬼儿闹的，快别信他的话了。"那刘姥姥正夸鸡蛋小巧，要肏攮一个，凤姐儿笑道："一两银子一个呢，你快尝尝，那冷了就不好吃了。"刘姥姥便伸箸子要夹，那里夹的起来，满碗里闹了一阵好的，好容易撮起一个来，才伸着脖子要吃，偏又滑下来滚在地上，忙放下箸子要亲自去捡，早有地下的人捡了出去了。刘姥姥叹道："一两银子，也没听见响声儿就没了。"众人已没心吃饭，都看着他笑。贾母又说："这会子又把那个筷子拿了出来，又不请客摆大筵席。都是凤丫头支使的，还不换了呢。"地下的人原不曾预备这牙箸，本是凤姐和鸳鸯拿了来的，听如此说，忙收了过去，也照样换上一双乌木镶银的。刘姥姥道："去了金的，又是银的，到底不及俺们那个伏手。"凤姐儿道："菜里若有毒，这银子下去了就试的出来。"刘姥姥道："这个菜里若有毒，俺们那菜都成了砒霜了。那怕毒死了也要吃尽了。"贾母见他如此有趣，吃的又香甜，把自己的也都端过来与他吃。又命一个老嬷嬷来，将各样的菜给板儿夹在碗上。

一时吃毕，贾母等都往探春卧室中去说闲话。这里收拾过残桌，又放了一桌。刘姥姥看着李纨与凤姐儿对坐着吃饭，叹道："别的罢了，我只爱你们家这行事。怪道说'礼出大家'。"凤姐儿忙笑道："你可别多心，才刚不过大家取笑儿。"一言未了，鸳鸯也进来笑道："姥姥别恼，我给你老人家赔个不是。"刘姥姥笑道："姑娘说那里话，咱们哄着老太太开个心儿，可有什么恼的！你先嘱咐我，我就明白了，不过大家取个笑儿。我要心里恼，也就不说了。"鸳鸯便骂人："为什么不倒茶给姥姥呢？"刘姥姥忙道："刚才那个嫂子倒了茶来，我吃过了。姑娘也该用饭了。"凤姐儿便拉鸳鸯："你坐下和我们吃了罢，省的回来又闹。"鸳鸯便坐下了。婆子们添上碗箸来，三人吃毕。刘姥姥笑道："我看你们这些人都只吃这一点儿就完了，亏你们也不饿。怪只道风儿都吹的倒。"

咸鸭蛋

鲜鲫经年秘醽醁，团脐紫蟹脂填腹。
后春莼茁活如酥，先社姜芽肥胜肉。
凫子累累何足道，点缀盘飧亦时欲。
淮南风俗事瓶罂，方法相传竟留蓄。
且同千里寄鹅毛，何用孜孜饫麋鹿。

——《扬州以土物寄少游》
（北宋）苏轼

一、食材基本特性

英文名，又名

咸鸭蛋（Salted duck egg），古称咸杬子，俗称盐鸭蛋、腌鸭蛋、青蛋等，是一种传统特色蛋类加工制品。

形态特征

品质优良的咸鸭蛋具有“鲜、细、嫩、松、沙、油”六大特点。将咸鸭蛋煮（蒸）熟后切开，观其断面，黄白分明；蛋白质地细嫩；蛋黄细沙，呈朱红（或橙黄）色，起油，周围有露水状油珠（俗称“掌心化油”）；中间无硬心，味道鲜美。此外，用双黄蛋加工的咸蛋，色彩更美，风味更是别具一格。

咸鸭蛋

产地

咸鸭蛋在我国具有悠久的历史，山东微山、江苏高邮、广西北海等地均有生产，其蛋黄起沙富油，营养丰富，风味独特，深受各地消费者的青睐。

目前，我国主要生产咸鸭蛋的地区有江苏、湖北、湖南、浙江、江西、福建、广东等地，除供应国内市场外，还远销新加坡等东南亚地区，少量销往意大利等地。我国各地所产的咸鸭蛋中，江苏高邮所产咸鸭蛋驰名中外，品质优良。此外，湖北沙湖咸鸭蛋、浙江兰溪等地生产的黑桃蛋、山东沂南辛集生产的苗蛋等，品质上佳。

二、营养及成分

经测定，每100克咸鸭蛋中主要营养成分见表20所列。

表20　每100克咸鸭蛋中主要营养成分

食材名称	蛋白质（克）	脂肪（克）	碳水化合物（克）	维生素B_2（毫克）	维生素B_3（毫克）	维生素A（毫克）	钙（毫克）	铁（毫克）	磷（毫克）	硒（毫克）	胆固醇（毫克）	水（克）
咸鸭蛋	12.7	13.3	6.3	0.3	0.1	0.1	118	3.6	231	24	742	65.5

咸鸭蛋含有丰富的维生素A、维生素B_2、维生素B_3、磷脂等营养物质，是补充维生素的理想食品之一；咸鸭蛋的蛋黄含有大量的红黄色的维生素B_2及胡萝卜素，这些色素使咸鸭蛋蛋黄颜色看起来十分美观。咸鸭蛋中各种矿物质的总量超过鸡蛋，特别是铁和钙的含量更为丰富。在腌制咸鸭蛋的过程中，蛋中的钙含量会上升，而钙对骨骼发育极为有利，并且能预防贫血、强壮身体。

三、食材功能

性味 味甘，性凉。

归经 归心、肺、脾经。

功能

（1）中医认为，咸鸭蛋清肺火、降阴火功能比未腌制的鸭蛋更胜一筹，煮食可治愈泻痢。咸蛋黄油可治小儿积食，外敷可治烫伤、湿疹。

（2）咸鸭蛋营养丰富，含有丰富的铁和钙，具有补血养颜的功效。另外，咸鸭蛋还有滋阴、清肺、丰肌、泽肤、除热等功效。

四、烹饪与加工

最简单的食用方法是直接将咸鸭蛋煮熟或者蒸熟食用。除此之外，也可以将咸鸭蛋和其他菜肴搭配烹饪。

咸鸭蛋蒸豆腐

（1）材料：咸鸭蛋、豆腐、白砂糖、食用油等。

（2）做法：将豆腐用清水浸泡，切成小方块；将咸鸭蛋剥开，并且将蛋黄、蛋白分开盛放；将蛋白用筷子搅匀，添加适量白砂糖后倒入豆腐，轻轻拌匀；将蛋黄入热油锅中划开成小粒，均匀地撒在豆腐上，添加适量食用油，然后放入蒸锅，蒸6~7分钟即可。

咸鸭蛋蒸豆腐

咸鸭蛋炒苦瓜

（1）材料：咸鸭蛋、苦瓜、大蒜、辣椒、盐、鸡精等。

（2）做法：将咸鸭蛋煮熟，剥壳切丁；将苦瓜切半，再切斜片；将大蒜切片；将辣椒切斜片；炒香辣椒、蒜片，加入苦瓜，淋下少许水翻炒，盖上锅盖焖2分钟；最后放入咸鸭蛋，加少许盐、鸡精翻炒几下即可盛盘。

咸蛋黄炒苦瓜

南瓜炒咸鸭蛋黄

（1）材料：咸鸭蛋黄、小南瓜、食用油、盐、味精等。

（2）做法：将咸鸭蛋黄放入小碗中，入蒸锅隔水用大火蒸8分钟，取出趁热用小勺碾碎至其呈细颗粒状；将小南瓜去皮，挖去南瓜子，切成片状。锅内倒入适量食用油烧热，加入南瓜片煸炒至南瓜边角发软，倒入蒸好的咸鸭蛋黄，调入

南瓜炒咸鸭蛋黄

盐、味精等，再翻炒均匀即可。

咸鸭蛋的加工

在咸鸭蛋腌制过程中，盐是促使其理化性质改变、获得良好风味和起沙冒油的主要因素。蛋黄组成成分为水分、蛋白质、脂质，以及少量矿物质和维生素，蛋清主要由水分和蛋白质组成。腌制期间，腌制液依次通过蛋壳上的气孔、蛋壳膜、蛋清膜和蛋黄膜向蛋内传递，由于蛋壳内外存在渗透压差，蛋清中的水分通过气孔向外排出，含盐量升高，黏性降低。在食盐的作用下，蛋黄中游离的水分子向外扩散，原来的乳化型脂肪族中亲油基团聚集，形成油滴，蛋白质被组织成胶束和颗粒状结构，阻碍食盐继续渗透。这是咸蛋黄“起沙冒油”的主要原因，也是蛋黄比蛋清含盐量低的原因。

咸鸭蛋的加工工艺包括浸泡法、盐泥涂布法和草木灰法。其中，浸泡法所用时间较短，研究和应用也最为广泛。

目前，采用真空包装熟制咸鸭蛋的工艺弥补了传统咸鸭蛋加工的诸多不足。它集保质保鲜期长、方便卫生、咸度适中等优点于一身，是目前咸鸭蛋工业加工生产的主要发展方向。其工艺流程为：原料蛋→挑选

草木灰法制咸鸭蛋

检验→腌制液配制→腌制→日常管理→咸鸭蛋出缸（出桶）→清洗→复检→分级→预煮→装袋→真空→高温蒸煮杀菌→冷却→质检→包装→仓储。

五、食用注意

（1）咸鸭蛋不可与阿司匹林同食。咸鸭蛋含有一定量的亚硝基化合物，而人体服用的解热、镇痛药物中一般都含有阿司匹林，阿司匹林可与咸鸭蛋中的亚硝基化合物生成有致癌作用的亚硝胺。

（2）咸鸭蛋中脂肪及胆固醇含量较高，食用后会使血液中三酰甘油和胆固醇含量升高，加重脂代谢紊乱。故患有高脂血症，尤其是高胆固醇血症的糖尿病患者不宜食用。

朱元璋洗咸蛋

相传朱元璋在安徽皇觉寺当小沙弥时，寺中老方丈想找一个老实可靠的接班人，不知怎的，一眼看中了朱元璋，但老方丈深知，知人知面不知心，准备考验后再决定。

一次，老方丈叫朱元璋把腌了几年、外壳已发黑的咸鸭蛋洗成和刚生下来的鲜鸭蛋一样白。朱元璋连洗三天都没洗白，可他毫无怨言，第四天继续洗，老方丈故意对他说："好了，洗不白算了，将就点煮着吃吧。"

过了几天，老方丈又叫朱元璋把耕地用的生铁犁铧洗干净了放在锅中煮，等到煮烂了，就连汤端给老方丈补身子。朱元璋很听话，连煮了三天三夜没熄火。困了累了，就在灶膛前打个盹，醒来继续烧，到了第四天，老方丈叫他不用再煮了，欺骗他说师弟已将煮烂的生铁犁铧汤送来了。从此，朱元璋在皇觉寺因为老实而出了名，众僧都叫他"老实哥儿"，老方丈也把藏经阁等库房的钥匙都交给朱元璋管理。

到了第二年清明节，老方丈要带领众僧到山下一个大户人家做七天七夜的喜斋超度亡灵，留下朱元璋独守皇觉寺。朱元璋认为时机已到，便将老方丈积累数十年的金银珠宝等细软，包包扎扎，捆成一担全部带走，临行前他在库房正面墙上写下一首诗留给方丈：

老实哥儿洗咸蛋，生铁犁铧煮不烂。

老秃驴修炼一世，没够老实哥一担。

糟蛋

买醉城西结伴行，源源佳酿远驰名。
剖来糟蛋好颜色，携到京华美味评。

——《清琅轩馆诗钞·买糟蛋》
（清）何之鼎

一、食材基本特性

英文名，又名

糟蛋（Egg preserved in rice wine），一般是选用新鲜禽蛋，用优质的糯米酒糟或黄酒酒糟糟渍而成的一种禽蛋制品，是我国别具一格的特色传统美食。

形态特征

根据加工成的糟蛋是否包有蛋壳，糟蛋可分为硬壳糟蛋和软壳糟蛋。硬壳糟蛋一般以生蛋糟渍，软壳糟蛋则有熟蛋糟渍和生蛋糟渍两种。著名的浙江平湖糟蛋，就是软壳糟蛋。经糟渍后，蛋壳脱落，只有一层薄膜包住蛋体，蛋白呈乳白色，蛋黄呈橘红色，食用时只需用筷子或叉子轻轻戳破软膜即可，味道十分鲜美。

采用不同工艺制备而成的糟蛋也具有一些共同的特征，如酒香浓郁、质感细嫩、香醇适口、滋味鲜美、回味绵长等。

产地

浙江平湖糟蛋、河南陕州糟蛋和四川宜宾糟蛋较为著名。

二、营养及成分

经测定，每100克糟蛋中部分营养成分见表21所列。

表21　每100克糟蛋中部分营养成分

食材名称	蛋白质（克）	脂肪（克）	碳水化合物（克）	维生素B_1（毫克）	维生素B_2（毫克）	维生素B_3（毫克）	游离氨基酸（毫克）	钙（毫克）	铁（毫克）	磷（毫克）	灰分（克）	总磷脂（克）
糟蛋	15.8	13.1	11.7	0.5	6.7	0.5	2	248	3.1	111	7.1	0.5

在制作糟蛋的过程中，酒糟中所含的乙醇、糖、有机酸、活性酶等物质，可透过蛋壳和蛋膜渗透到鲜蛋的内部，然后与蛋内成分进行一段时间的生化反应，使得鲜蛋中的多肽、游离氨基酸、糖分、乙醇、有机酸、芳香酯等物质增多，给糟蛋带来酿香醇和的滋味及易于消化的特点，并产生糟蛋的特有风味，融合着酿香、酒香、酯香等多种复杂的滋味。因此，食用糟蛋对人们来说，有着回味无穷的感受和营养滋补的功效。

三、食材功能

性味 味甘、辛、微苦，性微温。

归经 归脾、胃、肾经。

功能

（1）经糟渍后，糟蛋性转偏温，温中健脾，对肚腹冷痛、食欲不振者有益，可滋阴养血、润肺美肤。

（2）禽蛋经糟渍后，蛋白质、脂肪、碳水化合物及多种矿物质均发生质和量的变化，更易被人体吸收，可提高人体的免疫功能，有助于消食、开胃、消瘀结、通血脉，可加快人体新陈代谢、维持神经系统的正常功能。

四、烹饪与加工

腌制糟蛋

糟蛋根据加工方法的不同，可分为生蛋糟蛋和熟蛋糟蛋；根据加工成的糟蛋是否包有蛋壳，可分为硬壳糟蛋和软壳糟蛋。硬壳糟蛋一般以生蛋糟渍；软壳糟蛋则有熟蛋糟渍和生蛋糟渍两种方式。在这些种类中，尤以生蛋糟渍的软壳糟蛋品质最好。

鲜蛋经过糟渍而成糟蛋，其原理还缺乏系统的研究。一般认为，糯米在酿制过程中，淀粉在糖化菌的作用下变成糖类，再经酵母的酒精发酵产生醇类（主要为乙醇）；同时，一部分醇氧化转变为乙酸，与食盐共同存在于酒糟中，通过渗透和扩散作用进入蛋内。鲜蛋在一系列物理和化学变化后变成糟蛋，同时具有显著的防腐作用。最主要的是酒糟中的乙醇、乙酸可使蛋白、蛋黄中的蛋白质发生变性和凝固作用。实际上，制成的糟蛋蛋白呈乳白色或酱黄色的胶冻状，蛋黄呈橘红色或橘黄色的半凝固、柔软状态的原因有酒糟中的乙醇和乙酸含量不高，致使蛋中的蛋白质未发生完全变性和凝固；酒糟中的乙醇和糖类（主要是葡萄糖）渗入蛋内，使糟蛋带有醇香味和轻微的甜味；酒糟中的醇类和有机酸渗入蛋内后，经长时间相互作用产生芳香的酯类，这也是糟蛋中特殊浓郁芳香气味的主要来源。酒糟中的乙酸具有侵蚀蛋壳的作用，可使蛋壳变软、溶化脱落，从而形成软壳蛋。乙酸对蛋壳之所以能起到这样的作用，其原因是蛋壳中的主要成分为碳酸钙，遇到乙酸后生成易溶于水、微溶于乙醇的醋酸钙，所以蛋壳首先变薄变软，然后慢慢与内蛋壳膜脱离而脱落，使乙醇等有机物更易渗入蛋内。

内蛋壳膜的化学成分主要是蛋白质，其结构紧密，微量的乙酸对这层膜不会产生破坏作用，所以内蛋壳膜是完整无损的。在糟渍过程中向糟蛋内加入食盐，不仅可以赋予其咸味，增加风味和适口性，还可增强防腐能力，延长贮藏时间。鸭蛋在糟渍过程中，由于酒糟中乙醇含量较少，所用盐量也不多，因此成熟时间较长。由于在乙醇和盐长时间的作用下（4~6个月），蛋中微生物的生长和繁殖受到抑制，特别是沙门菌可以被灭活，因此糟蛋生食对人体无致病作用。

糟渍糟蛋的步骤：

（1）清洗消毒。将鲜蛋蛋壳表面和糟渍糟蛋用的坛子事先进行清洗消毒，充分洗净，沥干水分。

（2）敲裂蛋壳。选用质量合格的新鲜禽蛋，洗净、晾干。手持竹片（长13厘米、宽3厘米、厚0.7厘米），对准蛋的纵侧从大头部分轻击两下，在小头部分再击1下，要使蛋壳略有裂痕，而蛋壳膜不能破裂。

（3）封装糟蛋。装蛋时，先在坛底铺一层酒糟，将击破的蛋大头向上排放，蛋与蛋之间不能太近，再加入第2层糟，摆上第2层蛋，逐层放好，在最上面平铺1层酒糟，并撒上盐。然后，用牛皮纸将坛口密封，再盖上竹箬，用绳索扎紧，入库存放。坛口垫上三丁纸，最上层坛口垫纸后压上方砖。一般经过5个月左右，即可糟制成熟。

糟　蛋

五、食用注意

（1）糟蛋味美，但不宜多食、常食。

（2）慢性肾炎、慢性肝炎、结肠炎、慢性肾功能不全、肝硬化、心脏功能欠全、高血压等患者慎食糟蛋。

（3）乙醇过敏者禁食糟蛋。

平湖糟蛋

相传清雍正年间，在浙江平湖城西河滩有一个叫徐源源的酒坊老板，他酿得一手好酒。他家养了许多鸭，不知哪只鸭把蛋误下在一堆糯米里。这年黄梅季节发大水，把徐老板家中的糯米与鸭蛋全淹了。徐老板没有办法，将糯米与鸭蛋混入了酒酿糟中，过了好几天，徐老板想起了鸭蛋，就过去找，发现糯米已经发酵，鸭蛋壳微微发软，尝尝淡而无味。于是，徐老板干脆再加些盐，并用牛皮纸覆盖坛口加以密封。经过充分发酵，几个月后徐老板惊喜地看到浸没在糯米酒糟中的鸭蛋壳脱落，透明又浓密的蛋白里，裹着橙红的蛋黄，气味醇香扑鼻，随即尝一点，直感滋味特别、回味悠长。徐老板灵机一动，他想到了这里面的生意经，并决定把鸭蛋用糯米酒糟糟渍成糟蛋，上市出售。平湖糟蛋便从此降临人间。

精明的徐源源老板在生产糟蛋过程中，不断精益求精，使糟蛋逐渐成为一种色、香、味、形俱全的独特佳肴，并被选为进献给乾隆皇帝的贡品，还获乾隆京牌。平湖糟蛋以软壳为特点，其质腴而柔软，个大而丰实。蛋白为乳白色软嫩的胶冻状，蛋黄为橘红色，呈半凝固状，有浓郁醇和的酒香。平湖糟蛋以味鲜美嫩甜，口感细腻滑顺，食后余味绵绵不绝而著称。

皮蛋

徽州出变蛋，奇妙逊祁门。
夜气金银杂，黄河日月昏。
雨花石锯出，玳瑁血斑存。
松竹如天绘，维扬那得伦？

——《祁门皮蛋》
（明）张岱

一、食材基本特性

英文名，又名

皮蛋（Preserved egg），又称松花蛋、灰包蛋、包蛋、变蛋等，是一种具有传统风味的蛋制品，主要制作材料是鸭蛋或者鸡蛋。

形态特征

成品蛋壳易剥、不粘连，蛋白呈半透明的褐色凝固状，表面有花纹，蛋黄呈深绿色凝固状，有的具有溏心。将皮蛋切开后，蛋块色彩斑斓，食之清凉爽口，香而不腻，味道鲜美。优质皮蛋壳灰白，无黑斑，壳完整无裂纹，轻掂有抖动感，摇晃时无声。

皮蛋蛋白上的松花是经过一系列化学反应而产生的。蛋白的主要成分是蛋白质，因此，将禽蛋放置一段时间后，禽蛋蛋白中的部分蛋白质会被分解为氨基酸，而氨基酸都含有一个氨基端和一个羧基端，是一种两性电解质，其既可以与酸性物质产生相互作用，又可以与碱性物质发生反应。人们在制作皮蛋时，会特意在泥巴里加入一些碱性物质，如石灰、碳酸钾、碳酸钠等。这些碱性物质会穿过蛋壳上的细孔，与上述分解的氨基酸进行反应，生成各种氨基酸盐，这些氨基酸盐不溶于蛋白，于是就会产生各种不规则的几何形状结晶，进而呈现为各种漂亮的松花状花纹。

产 地

皮蛋的生产始于明朝，目前我国大部分地区均有产出，其中较为著名的皮蛋有辽宁松花蛋、湖南益阳松花蛋等，其蛋白部分有朵朵像松枝花一样的花纹，“松花蛋”也由此得名。

二、营养及成分

经测定，每100克皮蛋中部分营养成分见表22所列。

表22　每100克皮蛋中部分营养成分

食材名称	蛋白质（克）	脂肪（克）	碳水化合物（克）	维生素A（毫克）	维生素B_3（毫克）	维生素B_2（毫克）	钙（毫克）	铁（毫克）	磷（毫克）	硒（毫克）	胆固醇（毫克）
皮蛋	14.2	10.7	4.5	0.2	0.2	0.2	63	3.3	165	25.2	535

皮蛋在腌制过程中经过强碱的作用，其蛋白质及脂质会分解，成为人体容易消化吸收的成分，并且其中的胆固醇含量也会降低。皮蛋中的氨基酸含量比新鲜的鸭蛋高11倍，且其所含氨基酸的种类也较新鲜的鸭蛋多。此外，在皮蛋腌制过程中使用了各种金属盐，因此其各种矿物质的含量也变高。研究表明，皮蛋中的矿物质含量相比于新鲜的鸭蛋明显增加。但是，与普通鸭蛋制品相比，皮蛋中的B族维生素被严重破坏，并且无机盐的含量明显增加。皮蛋中的脂质成分被分解使得其总热量有所降低，蛋白质被分解使得皮蛋具有独特风味，并且这种风味能刺激消化器官，增进食欲。

三、食材功能

性味 味辛涩、甘、咸，性寒。

归经 归胃经。

功能

（1）皮蛋具有健脾胃、助消化、敛虚热、降虚火、泻肺热、去肠火、平肝火、解酒醉、清心明目的功效。

（2）皮蛋中各营养物质易于消化吸收，并有中和胃酸、清凉、降压的作用，可用于眼痛、牙痛、高血压、耳鸣、眩晕等疾病的食疗。

皮蛋粥

（1）材料：皮蛋、腐竹、粳米、猪肉、盐等。

（2）做法：将腐竹入温水中浸透；粳米洗净，用温水泡发；猪肉切成丝。将清水倒入锅中煮沸，水沸后把去壳的皮蛋洗净捏烂，连同泡好的腐竹、粳米一起放在锅内，待沸腾后改用小火熬煮，再加入猪肉丝熬熟，最后加入盐等调料即可。

皮蛋粥

皮蛋娃娃菜

（1）材料：皮蛋、红枣、枸杞、娃娃菜、葱、姜、蒜、高汤、盐、鸡精、生粉水等。

（2）做法：将皮蛋去壳，切成6瓣；将红枣、枸杞洗净，用清水泡发；将娃娃菜纵切成两半。烧热油，将姜、蒜片和葱段入锅炒香。注入高汤，加入红枣和枸杞煮沸。放入皮蛋和娃娃菜拌匀，加盖以中小火煮至娃娃菜变软，加入盐、鸡精和生粉水调味即可。

皮蛋娃娃菜

凉拌皮蛋

（1）材料：皮蛋、香菜、大蒜、红尖椒、酱油、醋、白砂糖、辣椒油等。

（2）做法：将皮蛋切瓣在盘中摆放整齐，按照个人口味将香菜切成末、大蒜剁细、红尖椒切片，一起放入碗中，加入酱油、醋、白砂糖、辣椒油，调匀，淋在皮蛋上即可。

凉拌皮蛋

皮蛋的传统制作方法

（1）称取茶叶25克、盐100克、面碱165克、白石灰400克、黄丹粉10克、草木灰300克、黄土1500克、稻壳2500克。

（2）先将1500克热水倒入大缸里，把茶叶、盐、面碱、黄丹粉放入水缸中拌匀，再将筛过的白石灰、黄土、草木灰放入缸里，搅拌均匀制成料泥。

（3）选购新鲜、无破痕的鸭蛋35个，戴上胶皮手套，用配好的料泥逐个将鸭蛋包裹，包裹均匀后放缸里，用塑料薄膜封严缸口，在15~30℃下，贮藏30~40天即为成品。

由于皮蛋的制作中加入了黄丹粉（氧化铅），而铅是一种有毒的重金属元素，因此有些国家曾做出了禁销规定，这影响了我国皮蛋的出口。为此，有关科研部门研究了氧化铅的代用物质，其中乙二胺四乙酸（EDTA）和FWD（以微量元素镁、锰合成的一种物质）的使用效果较好。使用EDTA时，其他辅料配方和加工工艺不变，只要剔除氧化铅，继而用EDTA代替即可。一般加工1000只鸭蛋，其用量约为0.1千克。FWD的用法是将0.5千克的FWD溶于75千克冷开水中，浸制1500只鸭蛋，其他辅料配方与加工方法均与传统制法相同。但是"无铅皮蛋"并非不含铅，而是指铅含量符合国家规定标准。

五、食用注意

（1）皮蛋虽然营养丰富，味道鲜美，但是其碱性过大，且在制作过程中使用了氧化铅（黄丹粉）等重金属辅料，故皮蛋中的铅含量使人望而生畏。摄食同样量的铅，普通人群消化道铅吸收率为10%~15%，而孕妇与儿童吸收率则高达50%。严格地说，胎儿和儿童与铅的接触没有安全水平，最为理想的血铅浓度应为零。为了适应胎儿生长发育的需要，孕妇的骨钙动员加快，因此，伴随着骨骼铅的释放，孕妇比普通人群更易铅中毒。加之胎盘对铅基本无屏障作用，即使是低水平的铅暴露，孕妇体内的血铅也可顺利进入胎儿体内。胎儿处于生长发育的高速增长期，对铅的毒性具有高度敏感性，即便是低水平的铅暴露，也可能对胎儿造成不可逆的损害。幼儿、儿童对铅敏感，肠吸收率高，排泄率很低，约有30%的铅会滞留在人体内，其中25%会通过血液向软组织中转移。因此，学龄前儿童已经成为铅中毒高发人群，需远离铅超标的皮蛋。随着时代的变迁，皮蛋制作工艺已经逐步演变为烧碱、硫酸铜和浸泡工艺，但永恒不变的是人们对皮蛋含铅的担忧，因此健康风险还是值得关注的。目前全球的共识是，铅没有“安全摄入量”，要尽可能少地摄入。

（2）若打开皮蛋时闻到一股异味，是因为在制作皮蛋的过程中，一些蛋中的蛋白质在被分解为氨基酸时产生了氨气，而蛋壳外又被各种辅料所包裹，气体散发不出去。此外，因为在皮蛋的制作过程中添加了大量的碱性辅料，所以建议在食用皮蛋时加入一些陈醋，能起到杀菌和中和碱味的作用，使其风味更佳。

（3）皮蛋的蛋白质在强碱作用下呈现红褐色，蛋黄则呈墨绿色或橙红色；若蛋黄呈黄色，则皮蛋可能不新鲜或未变熟。所以，购买皮蛋食用时，一定要从正规市场买品牌产品，远离散装皮蛋，尤其是散装鸡蛋皮蛋。

益阳皮蛋起源

湖南省益阳市地处洞庭湖滨，居沅、湘两水之间，位资江下游，湖面广、食场好，适宜养鸭，所产鸭蛋，是制皮蛋的上好原料。成品不仅营养丰富，而且形、味、色、香俱美，食后余香满口，令人回味。特别是蛋肉通明透亮，隐约可见白色松枝图案，宛如镶嵌在琥珀里的玉花，故名“松花”，堪称誉满三湘，驰名中外。

关于益阳松花皮蛋的起源有多种说法。其一是，从前有一户人家建造新屋，屋后的一个石灰池没有填平，晚上鸭子从湖中回来，把蛋下在石灰池里，后来主人发现，剥开一看，发现蛋白蛋黄都已凝固，吃起来味道鲜美，只是涩口，他就在石灰中撒一点盐如法炮制，果然去掉了涩味，从此开创了皮蛋的历史。其二是由苏州传来的，从前有位老翁，原在苏州城里开了一家小茶馆，他每天把剩下的烧茶水连茶叶倒在门口的稻草灰堆上，而他家喂养的鸭子晚上也喜欢在此歇息下蛋。后来老翁发现灰中有鸭蛋，剥开一尝，味道鲜美，可惜无盐味，于是他将剩下的几只鸭蛋放在盐水中浸泡。数日后取出，更是美味可口了。从此，“灰滚蛋”便慢慢流传下来。其三是，数百年前，太湖流域的一家茶馆主人偶然在柴灰堆中发现了一个被遗弃很久的鸭蛋，主人剥壳后，发现不仅蛋白凝固透明，而且有松针状花纹。之后，当地即有人逐步采用桑树柴灰加纯碱、石灰、茶叶、食盐等调味品加工皮蛋，名叫“湖彩蛋”。后来，此法传到北京通县张辛庄，由一个姓陈的商人再次加以研究和改进，采用浸泡法，使得风味更加别具一格，后称为“彩皮蛋”，又叫“溏心皮蛋”。

参考文献

[1] 陈寿宏. 中华食材 [M]. 合肥：合肥工业大学出版社，2016.

[2] 戴江河. 巴氏杀菌水牛奶的冷冻贮存及其对高脂饮食小鼠血脂与肝功能的影响 [D]. 武汉：华中农业大学，2016.

[3] 李欣，陈红兵. 牛奶过敏原表位研究进展 [J]. 食品科学，2006，27(11)：592-598.

[4] 曹斌云，张富新，陈合，等. 论科学饮食羊奶对提高人体免疫力的作用 [J]. 中国乳业，2020 (2)：19-21.

[5] 李曼徽，陈雪，朱敏，等. 人参复方羊奶粉对小鼠抗疲劳功能的影响 [J]. 时珍国医国药，2019，30 (11)：2629-2633.

[6] 高佳媛，邵玉宇，王毕妮，等. 羊奶及其制品的研究进展 [J]. 中国乳品工业，2017，45 (1)：34-38.

[7] 刘亚东. 马奶营养价值评定及在早产儿配方乳中的应用 [D]. 哈尔滨：东北农业大学，2012.

[8] 刘洪元，安建钢，王海英，等. 鲜马奶缓解体力疲劳的研究 [J]. 中国乳品工业，2010，38 (2)：24-27.

[9] 张文文，赵海晴，徐腾飞，等. 驴奶的化学营养成分及其生物活性（英文）[J]. 食品安全质量检测学报，2017，8 (12)：4574-4581.

[10] 陆东林，张丹凤，刘朋龙，等. 驴乳的化学成分和营养价值 [J]. 中国乳

业，2006（5）：57-60.

[11] 刘春梅. 骆驼奶防治糖尿病的研究进展及应用前景［J］. 中国畜牧兽医文摘，2017，33（5）：66.

[12] 周珺，张泉龙，杨茜，等. 骆驼奶对2型糖尿病大鼠糖脂代谢及PPAR-γ、TNF-α mRNA的影响［J］. 中国比较医学杂志，2016，26（5）：25-30.

[13] 刘翠，潘健存，李媛媛，等. 人乳营养成分及其生理功能［J］. 食品工业科技，2019，40（1）：286-291.

[14] 吴晶，李佳. 母乳喂养与辅食添加对婴儿体格生长的影响［J］. 黑龙江科学，2020，11（12）：60-61.

[15] 朱永胜，刘小杰. 酸奶功能特性的研究进展［J］. 乳业科学与技术，2013，36（2）：30-33.

[16] 周海军. 益生菌酸马奶片工艺及其对实验性高脂血症大鼠的影响［D］. 呼和浩特：内蒙古大学，2008.

[17] 王绒雪，王小雨，边冉，等. 新疆地区奶疙瘩样品中挥发性风味组分研究［J］. 中国乳品工业，2018，46（9）：8-12，22.

[18] 蔡琳飞，李键，陈炼红. 我国奶酪产品研究现状及分析［J］. 中国乳品工业，2015，43（7）：42-44，48.

[19] 杜美兰，罗小飞，田玉潭，等. 鸡蛋在贮藏过程中品质变化与力学特性的研究［J］. 食品工程，2018（4）：52-56.

[20] 张蓉，尚以顺，吴佳海，等. 鸡蛋脂肪酸组成营养调控的研究进展［J］. 江苏农业科学，2019，47（21）：67-71.

[21] 付星，李述刚，黄茜，等. 鸡蛋卵转铁蛋白螯合铁及其对大鼠贫血模型的影响［J］. 中国食品学报，2020，20（2）：26-34.

[22] 陆应林. 特种经济动物规模养殖关键技术丛书　野鸡［M］. 南京：江苏科学技术出版社，2001.

[23] 牛书玉，惠庆亮，曲光宪. 鸭蛋的营养与应用［J］. 水禽世界，2012（6）：50.

[24] 牟感恩，龙伟，李德冠，等. 鲜鸭蛋营养及健康效应的评价研究［J］. 食品科技，2018，43（7）：29-34.

[25] 沈畅萱，王修俊，黄珊. 贵州三穗特色麻鸭蛋成分分析及营养评价［J］. 食品与机械，2017，33（12）：55-60.

［26］ 胡振华，龚萍，叶胜强，等．沔阳麻鸭蛋品质测定与分析［J］．中国家禽，2018，40（14）：66-68．

［27］ 王铁证．一种麻鸭鸭蛋的烤制方法：201810382513.1［P］．2019-11-05．

［28］ 张华智，韦子先，杨照海，等．钦州海鸭蛋产业现状及发展对策［J］．广西农学报，2012，27（4）：56-58．

［29］ 张华智，韦子先，郭光霞，等．钦州海鸭蛋的形成与蛋品质分析［J］．中国畜禽种业，2014，10（6）：134-136．

［30］ 张敬虎，殷裕斌．绿头野鸭蛋的品质研究［J］．湖北农学院学报，2000，20（2）：150-151．

［31］ 李莉．一种特色野鸭蛋皮蛋的制作方法：201610324578.1［P］．2016-08-17．

［32］ 钟航，梁明荣，张昌莲，等．四川白鹅蛋氨基酸的测定和分析［J］．畜禽业，2019，30（12）：6-7．

［33］ 钟航，梁明荣，张昌莲，等．不同保存温度和保存时间对鹅蛋氨基酸含量的影响［J］．四川畜牧兽医，2020，47（2）：27-29，31．

［34］ 黄群，麻成金，黄诚，等．鹌鹑蛋功能特性及其影响因素［J］．食品与发酵工业，2008（9）：89-92．

［35］ 吴巧．烤制鹌鹑蛋香气分析与调控研究［D］．合肥：合肥工业大学，2013．

［36］ 严济和．麻雀蛋药膳方［J］．东方药膳，2017（4）：6．

［37］ 李雪雁，戴佩芬，林苗，等．鸽蛋营养成分测定与价值分析［J］．食品研究与开发，2017，38（19）：123-126．

［38］ 徐应芬，张太明，罗克典．咸鸭蛋的营养及鉴别方法［J］．现代农村科技，2015（1）：32-33．

［39］ 张胜富．真空包装熟制咸鸭蛋的制作［J］．农产品加工，2009（7）：22-23．

［40］ 汪建国，尤明泰．糟蛋的加工技艺和特征［J］．中国酿造，2010（9）：138-141．

［41］ 李琳娜，宋飞科，王晓霞．浸泡法制作无铅皮蛋［J］．畜禽业，2019，30（2）：23-24．

［42］ 卢垣宇．2017年贵州省皮蛋中铅的检测与分析［J］．山东化工，2018，47（5）：88-89．